应用型本科信息大类专业"十三五"规划教材

MySQL
数据库实用教程

主　编　徐彩云

副主编　彭　军　徐　嘉　付仕明

　　　　何丹丹　刘　韬　周华清

华中科技大学出版社

http://www.hustp.com

中国·武汉

内 容 简 介

本书从教学实际需求出发,以 MySQL 8.0 为实验平台实现数据库的编程操作。全书共分 9 章,全面阐述了关系数据库的基础知识、MySQL 数据库的体系结构、数据库访问技术、MySQL 数据库的安装与配置、MySQL 数据库管理、数据表的操作、数据查询、索引和视图的创建与使用、自定义函数的编写、常量、变量、流程控制语句、窗口函数、存储过程、触发器、事务处理、数据库的备份与恢复等内容。

本书汇集了作者多年来对 MySQL 教学过程的总结和思考,从教与学两个角度组织教学内容,并对 MySQL 数据库基础知识进行全面解析,内容丰富、深入浅出。本书把 MySQL 的知识点融汇到案例中,易于掌握,通过综合案例(学生选课系统和图书销售管理系统)讲解数据库开发的全过程。

为了方便教学,本书还配有电子课件等教学资源包,任课教师和学生可以登录"我们爱读书"网(www.ibook4us.com)注册并浏览,任课教师还可以发邮件至 hustpeiit@163.com 索取。

图书在版编目(CIP)数据

MySQL 数据库实用教程/徐彩云主编. —武汉:华中科技大学出版社,2019.2(2022.8重印)
应用型本科信息大类专业"十三五"规划教材
ISBN 978-7-5680-5017-3

Ⅰ.①M… Ⅱ.①徐… Ⅲ.①SQL 语言-程序设计-高等学校-教材 Ⅳ.①TP311.132.3

中国版本图书馆 CIP 数据核字(2019)第 038404 号

MySQL 数据库实用教程
MySQL Shujuku Shiyong Jiaocheng

徐彩云 主编

策划编辑:康 序
责任编辑:段亚萍
封面设计:孢 子
责任监印:朱 玢
出版发行:华中科技大学出版社(中国·武汉)　　　电话:(027)81321913
　　　　　武汉市东湖新技术开发区华工科技园　　　邮编:430223
录　　排:武汉三月禾文化传播有限公司
印　　刷:武汉市首壹印务有限公司
开　　本:787mm×1092mm　1/16
印　　张:10.5
字　　数:269 千字
版　　次:2022 年 8 月第 1 版第 3 次印刷
定　　价:35.00 元

前言 PREFACE

MySQL 是目前最流行的关系数据库管理系统之一。MySQL 是完全网络化的跨平台关系数据库系统,同时是具有客户机/服务器体系结构的分布式数据库管理系统。MySQL 在 UNIX 等操作系统上是免费的,在 Windows 操作系统上,可免费使用其客户机程序库。MySQL 所使用的 SQL 语言是用于访问数据库的最常用标准化语言。MySQL 数据库以其精巧灵活、运行速度快、经济实用性强、使用简便、管理方便、安全可靠、丰富的应用程序编程接口(API)以及精巧的系统结构,受到了广大自由软件编程爱好者甚至是商业软件用户的青睐,特别是与 Apache 和 PHP/Perl 的结合,为建立基于数据库的动态网站提供了强大动力。

本书从教学实际需求出发,结合初学者的认知规律,由浅入深、循序渐进地讲解 MySQL 数据库管理与开发过程中的知识。全书以 MySQL 数据库软件和数据库对象的基本操作为主线,将数据库理论内容嵌入实际操作中去介绍,能够让学生在操作过程中进一步理解数据管理的理念,体会数据操作的优势,提高数据处理的能力。

全书体系完整、可操作性强,以大量的例题对常用知识点操作进行示范,所有例题都通过调试,内容涵盖了设计一个数据库应用系统要用到的主要知识点。

本书共分为 9 章,主要内容简单介绍如下:

第 1 章 MySQL 数据库概述,介绍 MySQL 数据库的基础知识、关系数据库知识和数据库访问技术。

第 2 章 MySQL 数据库安装与配置,介绍 MySQL 8.0 的安装过程、数据库服务的启动与停止、数据库的基本操作。

第 3 章数据表的操作,介绍 MySQL 数据表的创建和管理、基本数据类型、数据完整性的实现和数据的更新操作等内容。

第 4 章数据查询,介绍使用 SELECT 语句进行数据查询的内容,包括简单查询、多表连接、子查询、数据查询与数据更新。

第 5 章索引及视图，介绍索引和视图的创建及管理，以及视图的应用等。

第 6 章 MySQL 函数，主要介绍常量、变量、BEGIN...END 语句块的应用、自定义函数的创建和维护、MySQL 流程控制语句的应用、系统函数、窗口函数等。

第 7 章存储过程与触发器，介绍存储过程的创建、应用和管理，使用触发器维护数据一致性等内容。

第 8 章事务与锁，介绍事务的并发处理机制和锁机制的功能和应用。

第 9 章 MySQL 数据库的备份与恢复，介绍 MySQL 数据库的备份和恢复的基本理论和基本操作、表的导入与导出等基本操作及 MySQL 日志文件管理（包括错误日志、二进制日志、通用查询日志和慢查询日志的文件管理和应用）。

本书由武汉生物工程学院徐彩云担任主编，由江西应用科技学院彭军、武汉晴川学院徐嘉、重庆第二师范学院付仕明、大连科技学院何丹丹、南昌大学刘韬、东华理工大学长江学院周华清担任副主编。

为了方便教学，本书还配有电子课件等教学资源包，任课教师和学生可以登录"我们爱读书"网（www.ibook4us.com）注册并浏览，任课教师还可以发邮件至 hustpeiit@163.com 索取。

在本书的编写过程中，作者参考了一些国内外的学术专著、教材、网站资料和最新的研究成果，在此向原作者表示诚挚的感谢！感谢武汉生物工程学院对专业核心课程建设项目（2018HX27）的支持。感谢武汉软帝信息科技有限责任公司李杰老师对书稿内容进行把关。

因学科发展太快，作者水平有限，书中必有许多不足之处，希望学术界的广大同仁不吝赐教，也恳请读者批评指正。

徐彩云

2018 年 12 月 12 日

目录 CONTENTS

第 1 章　MySQL 数据库概述

数据库技术是信息系统的核心,是通过研究数据库的结构、存储、设计、管理以及应用的基本理论和实现方法,并利用这些理论来实现对数据库中的数据进行处理、分析和理解的技术。数据库是按照某种数据结构对数据进行组织、存储、管理的容器。

本章要点

◇　数据库的基础知识
◇　关系数据库介绍
◇　MySQL 数据库简介
◇　数据库访问技术

1.1　数据库的基础知识

1.1.1　数据库

数据库(database,简称 DB)是存储和管理数据的仓库,是长期存储在计算机内、有组织的、可共享的大量数据的集合。它产生于距今六十多年前,随着信息技术的发展,特别是二十世纪九十年代以后,数据管理不再仅仅是存储和管理数据,而转变成用户所需要的各种数据管理的方式。数据库有很多种类型,从最简单的存储有各种数据的表格到能够进行海量数据存储的大型数据库系统,在各个方面得到了广泛的应用。在数据库容器中包含诸多的数据库对象,如表、视图、索引、函数、存储过程、触发器、事件等,这些数据库对象最终以文件的形式存储在外存上。

1.1.2　数据库管理系统

数据库管理系统(database management system,简称 DBMS)是一种操纵和管理数据库的大型软件,用于建立、使用和维护数据库。用户通过 DBMS 访问数据库中的数据,数据库管理员也通过 DBMS 进行数据库的维护工作。它可以使多个应用程序和用户用不同的方法同时或在不同时刻去建立、修改和访问数据库。数据库管理系统的主要功能如下。

1. 数据定义

DBMS 提供数据定义语言 DDL(data definition language),DDL 主要用于建立、修改数据库的数据对象的组成与结构,所描述的数据库框架信息被存放在数据字典(data dictionary)中。

2. 数据操纵

DBMS 提供数据操纵语言(DML),实现对数据库数据的基本存取操作:查询、插入、修改和删除等。

3. 数据库运行管理

数据库的运行管理功能是 DBMS 的运行控制、管理功能,包括多用户环境下的并发控制、安全性检查、存取限制控制、完整性检查和执行、运行日志的组织管理、事务的管理和自动恢复等。

4. 数据库的建立和维护功能

数据库的建立和维护功能包括数据库初始数据的装入,数据库的转储、恢复、重组织、系统性能监视、分析等功能。

5. 数据库的传输

DBMS 具有与操作系统的联机处理、分时系统及远程作业输入的相关接口,负责处理数据的传送。对网络环境下的数据库系统,还应该包括 DBMS 与网络中其他软件系统的通信功能以及数据库之间的互操作功能。

6. 数据库的保护

数据库中的数据是信息社会的战略资源,所以数据的保护至关重要。DBMS 对数据库的保护通过四个方面来实现:数据库的恢复、数据库的并发控制、数据库的完整性控制、数据库安全性控制。DBMS 的其他保护功能还有系统缓冲区的管理以及数据存储的某些自适应调节机制等。

1.1.3 数据库系统

数据库系统(database system,简称 DBS),是为适应数据处理的需要而发展起来的一种较为理想的数据处理系统,也是一个为实际可运行的存储、维护和应用系统提供数据的软件系统,是存储介质、处理对象和管理系统的集合体。数据库系统通常由软件、硬件、数据库、数据库管理员、程序开发员、用户组成,如图 1-1 所示。其软件主要包括操作系统、各种宿主语言、实用程序以及数据库管理系统。数据库由数据库管理系统统一管理,数据的插入、修改和检索均要通过数据库管理系统进行。数据库管理员负责创建、监控和维护整个数据库,使数据能够被任何有权限的用户使用。主要特点:

(1)数据结构化、数据的共享性好、数据的独立性高、数据冗余度小、数据库管理系统为用户提供了友好的接口。

(2)数据库系统的基础是数据模型,现有的数据库系统均是基于某种数据模型的。

(3)数据库系统的核心是数据库管理系统。数据由 DBMS 统一管理和控制。

图 1-1　数据库系统组成

1.2 关系数据库介绍

1.2.1 关系数据库

关系数据库(relational database)中所谓的"关系",实质上是一张二维表。它由行和列组成。表格中的数据能以许多不同的方式被存取或重新召集而不需要重新组织数据库表。用户和应用程序是通过结构化查询语言(SQL)访问关系数据库。关系数据库除了相对容易创建和存取之外,还具有容易扩充的重要优势。一个关系数据库是包含进入预先定义的种类之内的一组表格。每个表格(有时被称为一个关系)包含用列表示的一个或更多的数据种类。每行包含一个唯一的数据实体,这些数据是被列定义的种类。例如,图书在线销售数据库中的订单条目数据库会以列表描述一个客户信息的表格:用户 ID、姓名、性别、住址、联系方式等。另外的一张表格会描述一个订单:订单编号、用户 ID、图书名称、订购日期、销售价格等。

表是数据在一个数据库中的存储容器,即数据表。如表 1-1 所示。它包含一组固定的列。表中的列描述该表所跟踪的实体的属性。一般数据表的术语有:

表名:一张表的名称,一个数据库中不能有同名表存在。

记录:表中的一行数据称为一条记录。

字段:表中一列为一个字段。

字段名:表中的列名,每个字段名在一张表中是唯一的。

主键:能唯一标识一条记录的字段或字段组合,即表中的关键字段。有时,多个字段被设为主键。

外键:是表中的字段,它们在其他表中作为主键而存在。一张表的外键被认为是对另外一张表中主键的引用。一张表可以设置多个外键。

表 1-1　用户信息表

用 户 ID	姓 名	性 别	住 址	联 系 方 式
95001	刘晨	男	武汉市	13812341244
95002	王敏	女	北京市	13612121212
95003	张力	男	呼和浩特市	18800008888
95004	张三	女	青海市	16818101168

1.2.2 关系数据库的特点

1. 关系数据库的优点

1) 容易理解

二维表结构是非常贴近逻辑世界的概念,关系模型相对网状、层次等其他模型来说更容易理解。

2) 使用方便

通用的 SQL 语言使得操作关系数据库非常方便。

3) 易于维护

丰富的完整性(实体完整性、参照完整性和用户定义的完整性)大大降低了数据冗余和数据不一致的概率。

2. 关系数据库瓶颈

1）高并发读写需求

网站的用户并发性非常高，往往达到每秒上万次读写请求，对于传统关系数据库来说，硬盘 I/O 是一个很大的瓶颈。

2）海量数据的高效率读写

网站每天产生的数据量是巨大的，对于关系数据库来说，在一张包含海量数据的表中查询，查询效率是非常低的。

3）扩展性和可用性

关系数据库具有固定的表结构，在基于 Web 的结构当中，数据库是最难进行横向扩展的。当一个应用系统的用户量和访问量与日俱增的时候，数据库却没有办法像 Web Server 和 App Server 那样简单地通过添加更多的硬件和服务节点来扩展性能和负载能力。对于很多需要提供 24 小时不间断服务的网站来说，对数据库系统进行升级和扩展是非常痛苦的事情，往往需要停机维护和数据迁移。

4）事务一致性

关系数据库在对事务一致性的维护中有很大的开销，而现在很多 Web 系统对事务的读写一致性都不高。

5）读写实时性

对关系数据库来说，插入一条数据之后立刻查询，是肯定可以读出这条数据的，但是对于很多 Web 应用来说，并不要求这么高的实时性，比如发一条消息之后，过几秒乃至十几秒之后才看到这条动态是完全可以接受的。

6）复杂 SQL 语句

任何大数据量的 WEB 系统，都非常忌讳多个大表的数据关联查询，以及复杂的数据分析、复杂的 SQL 报表查询，特别是 SNS 类型的网站。

 ## 1.3　MySQL 数据库简介

1.3.1　了解 MySQL

MySQL 是瑞典的 MySQL AB 公司开发的一个可用于各种流行操作系统平台的关系数据库管理系统，目前属于 Oracle 旗下产品。它具有客户机/服务器体系结构的分布式数据库管理系统。MySQL 完全适用于网络，用其建造的数据库可在因特网上的任何地方访问，因此，可以和网络上任何地方的任何人共享数据库。MySQL 具有功能强、使用简单、管理方便、运行速度快、可靠性高、安全保密性强等优点。MySQL 用 C 和 C++编写，它可以工作在许多平台（UNIX、Linux、Windows）上，提供了针对不同编程语言（C，C++，Java 等）的API 函数；使用核心线程实现多线程，能够很好地支持多 CPU；提供事务和非事务的存储机制；快速的基于线程的内存分配系统；MySQL 采用双重许可，用户可以在 GNU 许可条款下以免费软件或开放源码软件的方式使用 MySQL 软件，也可以从 MySQL AB 公司获得正式的商业许可。到目前为止，MySQL 是最流行的关系数据库管理系统之一，在 Web 应用方面，MySQL 是最好的 RDBMS(relational database management system，关系数据库管理系统）应用软件。MySQL 所使用的 SQL 语言是用于访问数据库的最常用标准化语言。MySQL 是一个真正的多用户、多线程 SQL 数据库服务器。SQL 是世界上最流行的和标准化的数据库语言，它使得更新和存取信息更加容易。MySQL 是一个客户机/服务器结构的实现,它由一个服务器守护程序 mysqld 和许多不同的客户机程序以及库组成。

1.3.2 MySQL 的体系结构

MySQL 采用的是客户机/服务器体系结构,在使用 MySQL 存取数据时,必须至少使用两个或者说两类程序:

数据库服务器,一个位于存放数据的主机上的程序。数据库服务器监听从网络上传过来的客户机请求并根据这些请求访问数据库的内容,以便向客户机提供它们所要求的信息。

客户机,连接到数据库服务器的程序。这些程序是用户和服务器交互的工具,告诉服务器需要什么信息的查询。

MySQL 分发包包括服务器和几个客户机程序。可根据要达到的目的来选择使用客户机。最常用的客户机程序为 mysql,这是一个交互式的客户机程序,它能发布查询并看到结果。其他的客户机程序有:mysqldump 和 mysqlimport,分别导出表的内容到某个文件或将文件的内容导入某个表;mysqladmin,用来查看服务器的状态并完成管理任务,如告诉服务器关闭、重启服务器、刷新缓存等。

MySQL 的客户机/服务器体系结构具有如下优点:

(1)服务器提供并发控制,使两个用户不能同时修改相同的记录。所有客户机的请求都通过服务器处理,服务器分类辨别谁准备做什么,何时做。如果多个客户机希望同时访问相同的表,它们不必互相裁决和协商,只要发送自己的请求给服务器并让它仔细确定完成这些请求的顺序即可。

(2)不必在数据库所在的机器上注册。MySQL 可以非常出色地在因特网上工作,因此用户可以在任何位置运行一个客户机程序,只要此客户机程序可以连接到网络上的服务器。

当然不是任何用户都可以通过网络访问 MySQL 服务器。MySQL 含有一个灵活而又有成效的安全系统,只允许那些经过验证后有权限访问数据的用户访问。

1.3.3 MySQL 的特性

MySQL 的主要目标是快速、健壮和易用。最初是因为 MySQL 的创始人需要这样的一个 SQL 服务器,它能处理与任何不昂贵硬件平台上提供数据库的厂家在一个数量级上的大型数据库,但速度更快,MySQL 因此诞生。MySQL 软件采用了双授权政策,分为社区版和商业版,由于其体积小、速度快、总体拥有成本低,尤其是开放源码这一特点,一般中小型网站的开发都选择 MySQL 作为网站数据库。由于其社区版的性能卓越,搭配 PHP 和 Apache 可组成良好的开发环境。主要特性如下:

(1)使用 C 和 C++ 编写,并使用了多种编译器进行测试,保证了源代码的可移植性。

(2)支持 AIX、FreeBSD、HP-UX、Linux、Mac OS、Novell NetWare、OpenBSD、OS/2 Warp、Solaris、Windows 等多种操作系统。

(3)为多种编程语言提供了 API。这些编程语言包括 C、C++、Python、Java、Perl、PHP、Eiffel、Ruby、.NET 和 Tcl 等。特别是 MySQL 对 PHP 有很好的支持,PHP 是比较流行的 Web 开发语言。

(4)提供多语言支持,常见的编码如中文的 UTF8、GB 2312、Big5,日文的 Shift_JIS 等都可以用作数据表名和数据列名。

(5)提供 TCP/IP、ODBC 和 JDBC 等多种数据库连接途径。

(6)提供用于管理、检查、优化数据库操作的管理工具。

（7）支持大型的数据库。可以处理拥有上千万条记录的大型数据库。支持多种存储引擎。

（8）MySQL 使用标准的 SQL 数据语言形式。优化的 SQL 查询算法,有效地提高查询速度。

（9）服务器可作为单独程序运行在客户端/服务器联网环境下,也可以作为一个库而嵌入到其他独立的应用程序中使用。

1.3.4 MySQL 8.0 的新特性

1. 新增了事务类型的数据字典

所有的元数据信息都用 InnoDB 存储引擎进行存储。8.0 之前的版本中,Server 层和 InnoDB 存储引擎层有两套数据字典表。其中 Server 层部分的数据字典,存储在 .frm 文件里面。而 InnoDB 存储引擎层也有自己的数据字典表,在 information_schema 库下面的 tables 表中进行存储。

2. 配置持久化

MySQL 的设置可以在运行时通过 SET GLOBAL 命令来更改,但是这种更改只会临时生效,到下次启动时数据库又会从配置文件中读取。MySQL 8.0 新增了 SET PERSIST 命令"set persist sync_binlog＝1;",MySQL 会将该命令的配置保存到数据目录下的 mysqld-auto.cnf 文件中,下次启动时会读取该文件,用其中的配置来覆盖缺省的配置文件。

3. 字符集

从 MySQL8.0 开始,数据库的缺省编码将改为 utf8mb4,这个编码包含了所有 emoji 字符。

4. 隐藏索引

在 MySQL 8.0 中,索引可以被"隐藏"和"显示",开始支持 invisible index。在优化 SQL 的过程中可以设置索引为不可见,MySQL 优化器便不会利用不可见索引。使用这个特性用于性能调试,例如先隐藏一个索引,然后观察其对数据库的影响。如果数据库性能有所下降,说明这个索引是有用的,然后将其"恢复显示"即可;如果数据库性能看不出变化,说明这个索引是多余的,可以考虑删掉。

5. 窗口函数

从 MySQL 8.0 开始,新增了一个叫窗口函数(Window Functions)的概念,它可以用来实现若干新的查询方式。窗口函数与 SUM()、COUNT() 等集合函数类似,但它不会将多行查询结果合并为一行,而是将结果放回多行当中,即窗口函数不需要 GROUP BY。

6. 通用表表达式

在复杂的查询中使用嵌入式表时,使用通用表表达式(Common Table Expressions,CTE)使得查询语句更清晰。

7. 安全性

对 OpenSSL 的改进、新的默认身份验证、SQL 角色、密码强度、授权。

 ## 1.4 数据库访问技术

1.4.1 ODBC

ODBC(open database connectivity,开放数据库互连)是一种用来在数据库管理系统中存取数据的标准应用程序接口。它是微软公司开放服务结构（WOSA，Windows open services architecture）中有关数据库的一个组成部分，它建立了一组规范，并提供了一组对数据库访问的标准 API（应用程序编程接口）。这些 API 利用 SQL 来完成其大部分任务。ODBC 本身也提供了对 SQL 语言的支持，用户可以直接将 SQL 语句送给 ODBC。应用程序要访问一个数据库，必须用 ODBC 管理器注册一个数据源，管理器根据数据源提供的数据库位置、数据库类型及 ODBC 驱动程序等信息，建立起 ODBC 与具体数据库的联系。应用程序只要将数据源名提供给 ODBC，ODBC 就能建立起与相应数据库的连接。ODBC 连接数据源的体系结构如图 1-2 所示。

图 1-2　ODBC 连接数据源结构

1.4.2　OLE DB

OLE DB（OLE 全称 object link and embed，即对象链接与嵌入）是微软的通向不同数据源的低级应用程序接口。OLE DB 不仅包括微软资助的标准数据接口开放数据库连通性的结构化查询语言能力，还具有面向其他非 SQL 数据类型的通路。作为微软的组件对象模型（COM）的一种设计，OLE DB 是一组读写数据的方法。OLE DB 中的对象主要包括数据源对象、阶段对象、命令对象和行组对象。OLE DB 将传统的数据库系统划分为多个逻辑组件，这些组件之间相对独立又相互通信。OLE DB 主要的三个组件：数据使用者（例如一个应用程序）、数据提供程序以及处理并传输数据的服务组件（例如查询处理器、游标引擎）。OLE DB 是一个针对 SQL 数据源和非 SQL 数据源（例如邮件和目录）进行操作的 API。OLE DB 为 C 和 C++ 程序员及使用其他包含 C 样式函数调用语言的程序员提供绑定。

OLE DB 是 Visual C++ 开发数据库应用中提供的基于 COM 接口的新技术。因此，OLE DB 对所有的文件系统（包括关系数据库）都提供了统一的接口。这些特性使得 OLE DB 技术比传统的数据库访问技术更加优越。

1.4.3　ADO

ADO（ActiveX data objects）是一个用于存取数据源的 COM 组件。ADO 是为 Microsoft 最新、最强大的数据访问接口 OLE DB 设计的，是一个便于使用的应用程序层。它提供了编程语言和统一数据访问方式 OLE DB 的一个中间层。它允许开发人员编写访问数据的代码而不用关心数据库是如何实现的，而只用关心数据库的连接。ADO 是建立在

OLE DB 之上的高层数据库访问技术,是对 OLE DB 的封装,微软提供了丰富的 COM 组件 (包括 ActiveX)来访问各种关系型/非关系型数据库。ADO 在关键的 Internet 方案中使用 最少的网络流量,并且在前段和数据源之间使用最少的层数,所有这些都是为了提供轻量、 高性能的接口。大多数数据库应用软件开发者选择 ADO,因为简单、易用。ADO、OLE DB、ODBC 之间的关系图如图 1-3 所示。

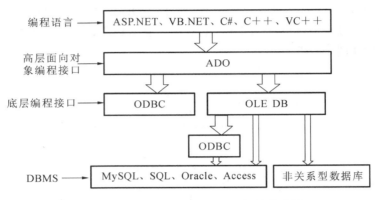

编程语言 ——→ ASP.NET、VB.NET、C#、C++、VC++

高层面向对象编程接口 ADO

底层编程接口 ODBC OLE DB

ODBC

DBMS ——→ MySQL、SQL、Oracle、Access 非关系型数据库

图 1-3 ADO、OLE DB、ODBC 之间的关系图

1.4.4 DAO

DAO(data Access object,即数据访问对象集),是 Microsoft 提供的基于一个数据库对 象集合的访问技术。和 ODBC 一样,是 Windows API 的一部分,可以独立于 DBMS 进行数 据库的访问。DAO 是建立在 Microsoft Jet(Microsoft Access 的数据库引擎)基础之上的。 Jet 是第一个连接到 Access 的面向对象的接口。使用 Access 的应用程序可以用 DAO 直接 访问数据库。由于 DAO 是严格按照 Access 建模的,因此,使用 DAO 是连接 Access 数据 库最快速、最有效的方法。DAO 也可以连接到非 Access 数据库,例如 SQL Server 和 Oracle。但是由于 DAO 是专门设计用来与 Jet 引擎对话的,Jet 将解释 DAO 和 ODBC 之 间的调用。使用除 Access 之外的数据库时,这种额外的解释步骤导致连接速度较慢。

1.4.5 JDBC 概述

JDBC(Java database connectivity,即 Java 数据库连接),最初 Java 并没有访问数据库 的能力,1996 年 Sun 推出了 JDBC,将 Java 的应用范围扩展到了数据库领域,使 Java 应用程 序具有访问不同类型数据库的能力。JDBC 用于访问关系数据库的应用程序编程接口是对 ODBC API 的一种面向对象的封装和重新设计,Java 应用程序通过 JDBC API 与数据库连 接,而实际的动作则由 JDBC 驱动程序管理器(driver manager)通过 JDBC 驱动程序与数据 库系统进行连接。JDBC 作为一种数据库连接和访问标准,由 Java 语言和数据库开发商共 同遵守并执行。

Java 数据库互连接口(JDBC)是一种可用于执行 SQL 语句的数据库 API,它由一些 Java 语言写的类、界面组成。它在功能上与 ODBC 相同,给开发人员提供了一个统一的、标 准的数据库访问接口。

DriverManager 接口:管理数据库驱动程序的列表。确定内容是否符合从 Java 应用程 序使用的通信子协议正确的数据库驱动程序的连接请求。识别 JDBC 在一定子协议的第一 个驱动器将被用来建立数据库连接。

Driver 接口：此接口处理与数据库服务器通信。很少直接使用驱动程序（Driver）对象，一般使用 DriverManager 中的对象，它用于管理此类型的对象。它也抽象与驱动程序对象工作相关的详细信息

Connection 接口：代表与数据库的连接。通过它调用 createStatement 能够创建 Statement 对象。

Statement 接口：用来执行 SQL 语句并返回结果记录集。

ResultSet 接口：SQL 语句执行后的结果记录集，必须逐行访问数据行，但是可以用任何顺序访问列。

使用 JDBC 访问数据库的一般步骤：装入合适的驱动程序—创建一个连接对象—生成并执行一个 SQL 语句—处理查询结果集—关闭连接。

习　题

1. 数据库管理系统的功能有哪些？
2. 数据库系统的特点有哪些？
3. MySQL 8.0 版本增加了哪些新特性？
4. 简述 MySQL 数据库的体系结构。
5. 数据库访问技术有哪些？
6. 关系数据库的优点有哪些？
7. 关系数据库的缺点有哪些？

第②章 MySQL 数据库安装与配置

基于 Web 应用，MySQL 数据库是最好的关系数据库管理系统。本章以 MySQL 8.0 为实验平台实现数据库的基本操作。

本章要点

◇ MySQL 8.0 的安装
◇ MySQL 8.0 服务的启动与停止
◇ MySQL 客户端
◇ MySQL 数据库操作
◇ MySQL 存储引擎

2.1 MySQL 8.0 的安装

本教材是在 Windows 10 操作系统环境下安装，首先从官网下载 MySQL 8.0.13 安装包，下载网址：https://dev.MySQL.com/downloads/windows/installer/8.0.html，如图 2-1 所示。

图 2-1 下载 MySQL 8.0

可直接下载 313.8M 的 msi 文件（要先注册成为 Oracle 的会员）。安装步骤如下：
（1）双击安装包图标，进入安装界面，如图 2-2 所示。

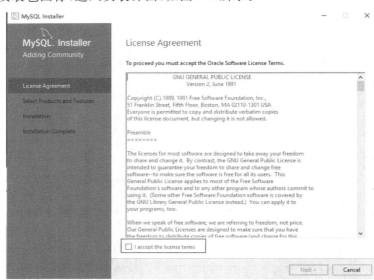

图 2-2 安装界面

（2）点击图中的复选框"I accept the license terms"，勾选同意协议后，点击"Next"按钮，进入下一步安装，如图 2-3 所示。

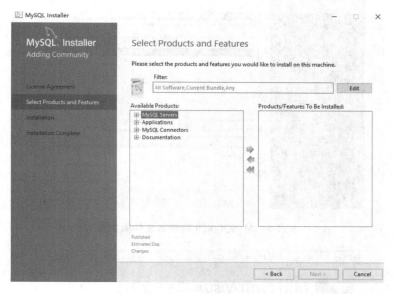

图 2-3　MySQL 8.0 的版本添加

（3）点击 MySQL Servers 展开，将 MySQL 8.0 的版本需要文件添加到右侧，如图 2-4 所示，进入下一步，如图 2-5 所示。

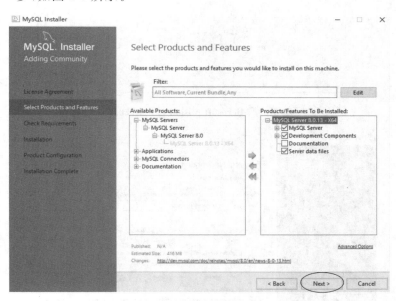

图 2-4　MySQL 8.0 的版本文件添加 1

（4）点击 Execute 按钮，安装过程会自动检测 MySQL8.0 所需的其他环境，如果本机上没有 Microsoft Visual C++ 2015 的文件，需要将本机联入计算机网络，会自动下载安装后关闭，如图 2-6 所示。

（5）在后面的安装过程中，均选择默认选项，点击"Next"，直到出现图 2-7 所示界面。

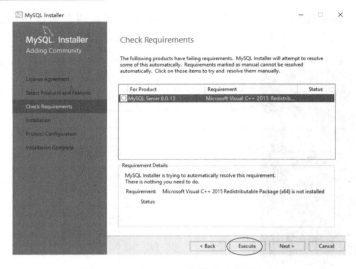

图 2-5　MySQL 8.0 的版本文件添加 2

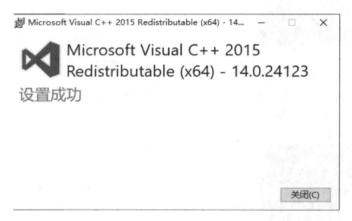

图 2-6　Microsoft Visual C++ 2015

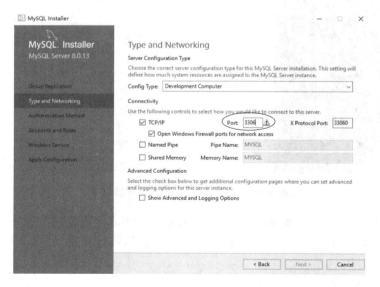

图 2-7　服务器配置

（6）如果已安装其他版本的 MySQL，端口位置会出现黄色感叹号。此时，可将端口号改为 3308、3307 或 3309 进入下一步。配置用户登录密码，设置密码为"root"，两次输入的密码要一致，如图 2-8 所示，点击下一步。

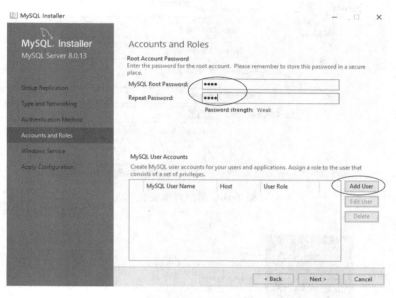

图 2-8　设置用户登录密码

（7）需要创建新用户，点击按钮 Add User，如图 2-9 所示。

图 2-9　创建新用户

（8）创建新用户，用户名为 user1，添加密码，详细设置如图 2-10 所示。

（9）点击 OK 进入图 2-11 所示界面，进入下一步。

（10）在后面的安装过程中，均设置默认值，点击 Next，直到安装完成。最终的效果如图 2-12所示。点击 Finish 按钮，安装完毕。

图 2-10　用户详细设置

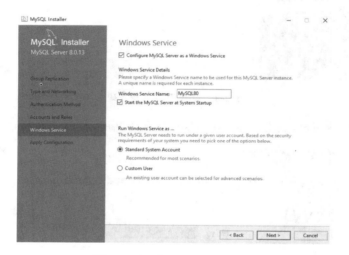

图 2-11　配置 Windows Service

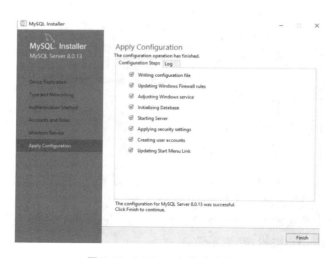

图 2-12　MySQL 安装完成界面

2.2 MySQL 8.0 服务的启动与停止

安装成功后,先查看 MySQL 的服务是否已经启动,常用的方法有三种:

方法一:鼠标右击"计算机"—"管理"—"服务和应用程序"—"服务"。找到 MySQL 服务,如图 2-13 所示。

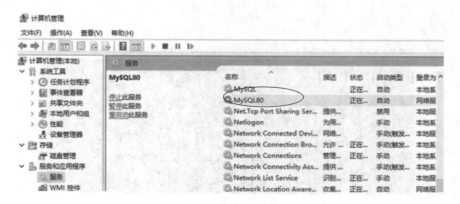

图 2-13 MySQL 服务

点击服务的启动类型,可以设置为手动或自动,在不需要服务时也可将服务停止,如图 2-14 所示。

可执行文件的路径:
"C:\Program Files\MySQL\MySQL Server 8.0\bin\mysqld.exe" --defaults-

启动类型(E):	自动
	自动(延迟启动)
	自动
	手动
	禁用

服务状态: 正在运行

启动(S)　　停止(T)　　暂停(P)　　恢复(R)

图 2-14 MySQL 服务设置

方法二:点击"开始"菜单—"运行"—输入"cmd"命令,进入命令提示符窗口,输入:
net　start　mysql,按下 Enter 键,启动 MySQL 服务。
net　stop　mysql,按下 Enter 键,停止 MySQL 服务。
方法三:启动任务管理器—点击"服务"选项卡,设置启动或停止 MySQL 服务。

2.3 MySQL 客户端

MySQL 数据库的体系结构是客户端/服务器。MySQL 安装后服务默认已启动,用户需要登录客户端连接 MySQL 服务,才能访问数据库实例。MySQL 自身不支持 Windows 的图形界面,所有的数据库操作及管理功能都通过 SQL 语句完成。由于 MySQL 的知名度日益增加,许多第三方软件公司推出了 MySQL 在 Windows 环境中的具有图形界面的支持软件,如 EMS 公司的 EMS MySQL Manager 就提供了 Windows 形式的 MySQL 数据库操作功能。当然,MySQL 数据库的客户端有多种:MySQL 8.0 自带的客户端,Windows 操作系统环境下的命令提示符,第三方可视化工具如 Navicat、MySQL Front 和 phpMyAdmin 等。

2.3.1 MySQL 8.0 自带的客户端

点击"开始"菜单,选择程序列表中的"MySQL 8.0 Command Line Client-Unicode",打开 MySQL 8.0 客户端之后,请输入安装时设置的密码"root",如图 2-15 所示,已经成功连接 MySQL 服务。

图 2-15 MySQL 客户端

2.3.2 命令提示符客户端

首先打开命令提示符窗口,然后在 MySQL 安装目录下找到 bin 文件,将地址路径复制到命令提示符窗口中,按"Enter"键,再键入命令。

格式为:mysql -h 主机地址 - P 端口地址 -u 用户名 -p 用户密码。

操作步骤:点击"开始"菜单—"运行"—输入"cmd"命令,进入命令提示符窗口后,输入: "cd C:\Program Files\MySQL\MySQL Server 8.0\bin",回车后输入命令"mysql - h localhost - P 3308 - u root - p＊＊＊＊"。当 MySQL 客户端与 MySQL 服务器是同一台主机时,主机名可以使用 localhost(或者 127.0.0.1),如图 2-16 所示。

图 2-16 命令提示符连接 MySQL 服务器

2.4 MySQL 数据库操作

数据库是存储数据库对象的容器,MySQL 数据库操作主要包括数据库的创建、选择当前数据库、删除数据库、存储引擎等内容。

2.4.1 查看数据库

用户在创建数据库之前,先查看当前服务器上存在哪些数据库,是否已经存在要创建的数据库。因为服务器上的数据库不能同名。查看数据库的语法结构如下:

```
SHOW DATABASES;
```

运行后结果如图 2-17 所示。

information_schema:信息数据库,保存着关于 MySQL 服务器所维护的所有其他数据库的信息,如数据库名、数据库的表、字段的数据类型与访问权限等。在 information_schema 中有数个只读表,它们实际上是视图,而不是基本表,因此,用户无法看到与之相关的任何文件。

mysql:MySQL 的核心数据库,主要负责存储数据库的用户、权限设置、关键字等 MySQL 使用的控制和管理信息,用户不可以删除此数据库。

performance_schema:主要用于收集数据库服务器性能参数。performance_schema 提供以下功能:

```
mysql> show databases;

Database

information_schema
mysql
performance_schema
sys

4 rows in set (0.00 sec)
```

图 2-17 查看数据库

(1)提供进程等待的详细信息,包括锁、互斥变量、文件信息;

(2)保存历史的事件汇总信息,为提供 MySQL 服务器性能做出详细的判断;

(3)对于新增和删除监控事件点都非常容易,并可以随意改变 MySQL 服务器的监控周期。

2.4.2 创建数据库

创建数据库时,MySQL 服务器会在它的数据目录里创建一个与该数据库同名的子目录,这个新目录称为数据库子目录。服务器还会在那个数据库目录里创建一个 db.opt 文件夹保存数据库的属性,如图 2-18 所示。在 MySQL 中的数据库实现成包含对应数据库中表的文件的目录,因为数据库在初始创建时没有任何表。

此电脑 > 系统 (C:) > ProgramData > MySQL > MySQL Server 8.0 > Data > b			
名称	修改日期	类型	大小
aa.ibd	2018/11/15 14:54	IBD 文件	112 KB
aaaa.ibd	2018/11/15 13:57	IBD 文件	112 KB

图 2-18 数据库目录文件

创建数据库的语法结构为:

```
CREATE DATABASE 数据库名称;
```

数据库名称必须是合法的,用户必须有足够的权限去创建数据库。如果数据库已经存在,则发生一个错误。

例 2.1 创建一个名称为 choose 的数据库,如图 2-19 所示。

```
mysql> CREATE DATABASE choose;
Query OK, 1 row affected (0.04 sec)
```

图 2-19 创建数据库

2.4.3 选择当前数据库

数据库服务器上可以创建多个用户数据库,使用 USE 语句可选择其中一个数据库作为当前数据库。但用户必须对数据库具有某种访问权限,否则不能使用它。选择当前数据库的语法结构为:

USE 数据库名称;

选择一个数据库不限制用户只使用当前数据库中的表,用户仍然可以通过用数据库名限定表名的方法,引用其他数据库中的表。例如,从 db1 数据库访问 author 表,并从 db2 数据库访问 editor 表,SQL 语句如下,运行结果如图 2-20 所示。

```
mysql> USE db1;
mysql> SELECT author_name,editor_name FROM author,db2.editor
-> WHERE author.editor_id = db2.editor.editor_id;
```

```
mysql> CREATE DATABASE a;
Query OK, 1 row affected (0.07 sec)

mysql> CREATE DATABASE b;
Query OK, 1 row affected (0.01 sec)

mysql> CREATE DATABASE c;
Query OK, 1 row affected (0.01 sec)

mysql> USE a;
Database changed
```

图 2-20 选择当前数据库

2.4.4 删除数据库

使用普通用户登录 MySQL 服务器,用户需要特定的权限来创建或者删除 MySQL 数据库,所以要使用 root 用户登录,root 用户是超级管理员,拥有数据库操作的最高权限。删除数据库的语法为:

DROP DATABASE 数据库名称;

在执行删除命令后,如图 2-21 所示,MySQL 服务实例会自动删除该数据库目录及目录中所有文件,数据库一旦被删除,保存在该数据库中的数据全部消失(该命令慎用)。如果数据库管理员已经备份了数据库,被删除的数据库还可以恢复。

```
mysql> DROP DATABASE a;
Query OK, 0 rows affected (0.05 sec)
```

图 2-21 删除数据库

2.5 MySQL 存储引擎

数据库存储引擎是数据库底层软件组织,数据库管理系统使用数据引擎创建、查询、更新和删除数据。不同的存储引擎提供不同的存储机制、索引技巧、锁定水平等功能。使用不同的存储引擎,还可以获得特定的功能。MySQL 数据库管理系统支持多种不同的数据引擎。MySQL 的核心就是存储引擎。存储引擎其实就是存储数据,为存储的数据建立索引,更新、查询数据等技术的实现方法。因为在关系数据库中数据是以表的形式存储的，所以存储引擎也可以称为表类型（即存储和操作此表的类型）。在 Oracle 和 SQL Server 等数据库中只有一种存储引擎，所有数据存储管理机制都是一样的。而 MySQL 数据库提供了多种存储引擎，用户可以根据不同的需求为数据表选择不同的存储引擎，也可以根据自己的需要编写自己的存储引擎。

2.5.1　查看存储引擎

使用"SHOW ENGINES"语句可以查看 MySQL 中支持的存储引擎，结果如图 2-22 所示。

图 2-22　查看存储引擎

说明：

Engine 是存储引擎的名称；

Support 是 MySQL 是否支持该类引擎，YES 表示支持；

Comment 指对该引擎的评论。

　　MySQL 支持多个存储引擎，其中 InnoDB 为默认存储引擎。数据库中有些表不用来存储长期数据，实际上用户根据需要在服务器的 RAM 或特殊的临时文件中创建和维护这些数据，以确保高性能。但这样一来，也存在很高的不稳定风险。还有一些表只是为了简化对一组相同表的维护和访问，为同时与这些表交互提供一个单一接口。另外还有其他一些特别用途的表，但重点是 MySQL 支持很多类型的表，每种类型都有自己特定的作用、优点和缺点。MySQL 还相应地提供了很多不同的存储引擎，可以以最适合于应用需求的方式存储数据。下面主要介绍 InnoDB、MyISAM 和 MEMORY 三种存储引擎。

2.5.2　InnoDB 存储引擎

InnoDB 是 MySQL 上第一个提供外键约束的表引擎。InnoDB 给 MySQL 的表提供了事务、回滚、崩溃修复能力和多版本并发控制的事务安全。而且 InnoDB 对事务处理的能力，也是 MySQL 其他存储引擎所无法比拟的。InnoDB 存储引擎的特点如下。

（1）InnoDB 存储引擎支持自动增长列 AUTO_INCREMENT。自动增长列的值不能为空，且值必须唯一。MySQL 中规定自增列必须为主键。在插入值时，如果自动增长列不输入值，则插入的值为自动增长后的值；如果输入的值为 0 或空（NULL），则插入的值也为自动增长后的值；如果插入某个确定的值，且该值在前面没有出现过，则可以直接插入。

（2）InnoDB 存储引擎支持外键（FOREIGN KEY）。外键所在的表为子表，外键所依赖的表为父表。父表中被子表外键关联的字段必须为主键。当删除、更新父表的某条信息时，子表也必须有相应的改变。InnoDB 存储引擎中，创建的表结构存储在 .frm 文件中。数据和索引存储在 innodb_data_home_dir 和 innodb_data_file_path 表空间中。

（3）InnoDB 存储引擎的优势在于提供了良好的事务管理、崩溃修复能力和并发控制；缺点是其读写效率稍差，占用的数据空间相对比较大。

2.5.3 MyISAM 存储引擎

MyISAM 存储引擎是 MySQL 中常见的存储引擎,曾是 MySQL 的默认存储引擎。MyISAM 存储引擎是基于 ISAM 存储引擎发展起来的,它解决了 ISAM 的很多不足。MyISAM 增加了很多有用的扩展。

MyISAM 存储引擎将表存储成 3 个文件。文件的名字与表名相同,扩展名包括 frm、myd 和 myi。

frm 文件:存储表的结构。

myd 文件:存储数据,是 MyData 的缩写。

myi 文件:存储索引,是 MyIndex 的缩写。

MyISAM 存储引擎的表支持 3 种不同的存储格式,包括静态型、动态型和压缩型。

1. MyISAM 静态

如果所有表列的大小都是静态的(即不使用 xBLOB、xTEXT 或 VARCHAR 数据类型),MySQL 就会自动使用静态 MyISAM 格式。使用这种类型的表性能非常高,因为在维护和访问以预定义格式存储的数据时需要很低的开销。但是,这项优点要以空间为代价,因为每列都需要分配给该列的最大空间,而无论该空间是否真正地使用。

2. MyISAM 动态

如果有表列(即使只有一列)定义为动态的(使用 xBLOB、xTEXT 或 VARCHAR 数据类型),MySQL 就会自动使用动态格式。虽然 MyISAM 动态表占用的空间比静态格式所占空间少,但空间的节省带来了性能的下降。如果某个字段的内容发生改变,则其位置很可能就需要移动,这会导致碎片的产生。随着数据集中的碎片增加,数据访问性能就会相应降低。

3. MyISAM 压缩

有时会创建在整个应用程序生命周期中都只读的表。如果是这种情况,就可以使用 myisampack 工具将其转换为 MyISAM 压缩表来减少空间。在给定硬件配置下(例如快速的处理器和低速的硬盘驱动器),性能的提升将相当显著。

MyISAM 存储引擎的优势在于占用空间小,处理速度快;缺点是不支持事务的完整性和并发性。

2.5.4 MEMORY 存储引擎

MEMORY 存储引擎是 MySQL 中的一类特殊的存储引擎。其使用存储在内存中的内容来创建表,而且所有数据也放在内存中。

1. MEMORY 存储引擎的文件存储形式

每个基于 MEMORY 存储引擎的表实际对应一个磁盘文件。该文件的文件名与表名相同,类型为 frm。该文件中只存储表的结构。而其数据文件,都是存储在内存中。这样有利于对数据的快速处理,提高整个表的处理效率。值得注意的是,服务器需要有足够的内存来维持 MEMORY 存储引擎的表的使用。如果不需要使用了,可以释放这些内容,甚至可以删除不需要的表。

2. MEMORY 存储引擎的索引类型

MEMORY 存储引擎默认使用哈希(HASH)索引。其速度要比使用 B 型树(BTREE)

索引快。如果读者希望使用 B 型树索引，可以在创建索引时选择使用。

3. MEMORY 存储引擎的存储周期

MEMORY 存储引擎通常很少用到。因为 MEMORY 表的所有数据是存储在内存上的，如果内存出现异常就会影响到数据的完整性。如果重启机器或者关机，表中的所有数据将消失。因此，基于 MEMORY 存储引擎的表生命周期很短，一般都是一次性的。

4. MEMORY 存储引擎的优缺点

MEMORY 表的大小是受到限制的。表的大小主要取决于两个参数，分别是 max_rows 和 max_heap_table_size。其中，max_rows 可以在创建表时指定；max_heap_table_size 的大小默认为 16 MB，可以按需要进行扩大。因为其存在于内存中的特性，这类表的处理速度非常快。但是，其数据易丢失，生命周期短。创建 MySQL MEMORY 存储引擎的出发点是速度。为得到最快的响应时间，采用的逻辑存储介质是系统内存。虽然在内存中存储表数据确实会提高性能，但要记住，当 mysqld 守护进程崩溃时，所有的 MEMORY 数据都会丢失。

MEMORY 表不支持 VARCHAR、BLOB 和 TEXT 数据类型，因为这种表类型按固定长度的记录格式存储。

2.5.5 如何选择存储引擎

每种存储引擎都有各自的优势，不能笼统地说谁比谁更好，只有适合不适合。下面根据其不同的特性，给出选择存储引擎的建议。

InnoDB 存储引擎：用于事务处理应用程序，具有众多特性，包括 ACID 事务支持，支持外键，同时支持崩溃修复能力和并发控制。如果对事务的完整性要求比较高，要求实现并发控制，那选择 InnoDB 存储引擎有其很大的优势。需要频繁地进行更新、删除操作的数据库，也可以选择 InnoDB 存储引擎。因为，该类存储引擎可以实现事务的提交（Commit）和回滚（Rollback）。

MyISAM 存储引擎：管理非事务表，它提供高速存储和检索以及全文搜索能力。MyISAM 是 MySQL 5.0 之前的默认数据库引擎，最为常用，拥有较高的插入、查询速度，但不支持事务。MyISAM 存储引擎插入数据快，空间和内存使用比较低。如果表主要是用于插入新记录和读出记录，那么选择 MyISAM 存储引擎能实现处理的高效率。如果应用的完整性、并发性要求很低，也可以选择 MyISAM 存储引擎。

MEMORY 存储引擎：MEMORY 存储引擎提供"内存中"表，MEMORY 存储引擎的所有数据都在内存中，数据的处理速度快，但安全性不高。如果需要很快的读写速度，对数据的安全性要求较低，可以选择 MEMORY 存储引擎。MEMORY 存储引擎对表的大小有要求，不能建太大的表。所以，这类数据库只使用相对较小的数据库表。

ARCHIVE 存储引擎：非常适合存储大量的、独立的、历史记录的数据。因为它们不经常被读取。ARCHIVE 拥有高效的插入速度，但其对查询的支持相对较差。

FEDERATED 存储引擎：将不同的 MySQL 服务器联合起来，逻辑上组成一个完整的数据库，非常适合分布式应用。

Cluster/NDB 存储引擎：高冗余的存储引擎，用多台数据机器联合提供服务以提高整体性能和安全性，适合数据量大、安全和性能要求高的应用。

CSV 存储引擎：逻辑上由逗号分隔数据的存储引擎。它会在数据库子目录里为每个数据表创建一个 .csv 文件。这是一种普通文本文件，每个数据行占用一个文本行。CSV 存储引擎不支持索引。

BLACKHOLE 存储引擎:黑洞引擎,写入的任何数据都会消失,不做实际存储,一般用于记录 binlog 做复制的中转,只负责记日志、传日志。

实际应用中还需要根据实际情况进行分析,每一个存储引擎支持不同的功能,如表 2-1所示。

表 2-1　存储引擎比较

功　能	MyISAM	MEMORY	InnoDB	ARCHIVE
存储限制	256 TB	RAM	64 TB	None
支持事务	No	No	Yes	No
支持全文索引	Yes	No	No	No
支持数索引	Yes	Yes	Yes	No
支持哈希索引	No	Yes	No	No
支持数据缓存	No	N/A	Yes	No
支持外键	No	No	Yes	No

2.5.6　设置存储引擎

由于当前 MySQL 服务实例默认的存储引擎是 InnoDB,使用"CREATE TABLE"语句创建新表时,如果没有"显示地"指定表的存储引擎,新表的存储引擎将是 InnoDB。使用MySQL 命令"SET default_storage_engine＝MyISAM;"可以"临时地"将 MySQL"当前会话"的存储引擎设置为 MyISAM。若要"永久地"设置默认存储引擎,需要修改 my.ini 配置文件中的 mysqld 选项组中 default_storage_engine 的参数值,并且需要重启 MySQL 服务。

习　　题

1. 简述 MySQL 服务器启动的几种方式。
2. MySQL 服务器有哪些存储引擎?
3. 简述 InnoDB 存储引擎和 MyISAM 存储引擎的优缺点。
4. 怎样查看存储引擎?
5. 创建数据库的 SQL 语句是什么?
6. 简述查看数据库文件的路径。

第③章 数据表的操作

表是数据库中存储的基本对象，是存储数据的容器，一个完整的表由表结构和表数据（也叫记录）两部分组成。表结构的设计包括字段名（列名）、数据类型、约束条件、存储引擎等内容。表结构的操作包括创建表、修改表结构、删除表以及约束条件的管理。表记录的更新操作包括数据的插入、修改、删除等。本章通过综合案例"学生选课数据库"和"图书销售管理数据库"讲解数据表操作的实施过程。

本章要点

◇ 表结构的设计
◇ MySQL 数据类型
◇ 设置约束
◇ 数据更新

3.1 表结构的设计

3.1.1 创建数据表

表是数据库对象。在创建数据表之前，需要根据数据库设计确定表名、字段名、数据类型、约束类型等信息。也可以在创建表时选择合适的存储引擎。使用 SQL 语句"CREATE TABLE"可以创建表，创建表的语法格式为：

```
CREATE [TEMPORARY] TABLE[IF NOT EXISTS]表名(
字段名1   数据类型   [约束类型],
字段名2   数据类型   [约束类型],
...
);
```

在使用 CREATE TABLE 语句创建表时，其中的[约束类型]、[TEMPORARY]、[IF NOT EXISTS]可以省略。TEMPORARY 的作用是创建一个临时表。[IF NOT EXISTS]的作用是创建数据表之前先判断数据库是否存在该表，如不存在就创建。创建表时必须指出相应的字段名和数据类型。

例3.1 使用 SQL 语句创建如表 3-1 所示的学生信息表，SQL 语句如下，运行结果如图 3-1 所示。

表 3-1 学生信息表

学　号	姓　名	性　别	年　龄	联系方式

```
CREATE TABLE 学生信息(
学号   CHAR(10),
姓名   CHAR(10),
性别   CHAR(10),
年龄 INT,
联系方式 CHAR(11) );
```

```
mysql> CREATE TABLE 学生信息(
    -> 学号   CHAR(10),
    -> 姓名   CHAR(10),
    -> 性别   CHAR(10),
    -> 年龄 INT,
    -> 联系方式 CHAR(11));
Query OK, 0 rows affected (0.12 sec)
```

图 3-1　学生信息表

3.1.2　查看表的信息

表结构创建成功后,由于没有插入数据,无法像二维表格一样打开。但使用"DESC"命令可以查看表结构的详细信息。语法格式为:

```
DESC   表名;
```

3.1.3　重命名表

创建数据表时如果没有定义合适的表名,可使用 RENAME TABLE 语句重命名数据表,语法格式为:

```
RENAME   TABLE   原数据表名 TO   新数据表名;
```

说明:

该语句可以同时对多个数据表进行重命名,表之间以逗号","分隔。

例如将学生信息重命名为 student,运行结果如图 3-2 所示。

```
mysql> RENAME   TABLE   学生信息 TO   student;
Query OK, 0 rows affected (0.10 sec)
```

图 3-2　表的重命名

3.1.4　删除表

删除表比创建表要容易得多,因为不需要指定有关内容,只需指定表名即可,语法格式为:

```
DROP TABLE   表名;
```

MySQL 对 DROP TABLE 语句在某些有用的方面做了扩充。

首先,可在同一语句中指定几个表对它们进行删除,如:

```
DROP TABLE 表名 1,表名 2,…
```

其次,如果不能肯定一个表是否存在,但如果它存在就删除它,那么可在此语句中增加 IF EXISTS。即使"DROP TABLE 表名"语句中给出的表不存在,MySQL 也不会发出错误信息。如:

```
DROP TABLE   IF EXISTS   表名;
```

IF EXISTS 在 MySQL 的脚本中很有用,因为在缺省的情况下,MySQL 将在出错时退出。例如,有一个安装脚本能够创建表,这些表将在其他脚本中继续使用。在此情形下,希望保证此创建表的脚本在开始运行时无后顾之忧。如果在该脚本开始处使用普通的 DROP TABLE,那么它在第一次运行时将会失败,因为这些表从未创建过。如果使用 IF EXISTS,就不会产生问题了。当表已经存在时,将它们删除;如果不存在,脚本继续运行。

3.2 MySQL 数据类型

数据库中的每张表都是由一个或多个字段构成。创建表时为每张表的每个字段选择适合的数据类型不仅能有效节省存储空间,同时还可以有效提升数据的计算性能。用数据类型描述表中的数据包含值的种类以及范围,字段的值必须符合规定,必须是对应的数据类型所允许的值。例如,CHAR(16)就规定了存储字符串空间不超过16个字符。当然不是必须存储16个字符,而是指字段在表中要占16个字符的宽度,实际存储数据所占的空间可以少于16个字符。

MySQL 提供的数据类型主要包括数值类型、字符串类型、日期类型、复合类型以及二进制类型等,如图3-3所示。

图 3-3 MySQL 数据类型

3.2.1 整数类型

MySQL 主要支持的整数类型有:TINYINT、SMALLINT、MEDIUMINT、INT、BIGINT。这些整数类型的取值范围按字节数依次递增,如表3-2所示。且默认情况下,既可以表示正整数也可以是负整数。如果只希望表示零和正整数,可以使用无符号整数。例如定义一个学生的年龄可使用"年龄 INT UNSIGNED",定义一门课程的成绩使用"成绩 INT UNSIGNED",其中 UNSIGNED 用于定义大于等于0的数。

表 3-2 整数类型

类 型	字 节 数	取值范围(有符号)	取值范围(无符号)	说 明
TINYINT	1字节	−128～127	0～255	最小整数
SMALLINT	2字节	−32768～32767	0～65535	小型整数
MEDIUMINT	3字节	−8388608～8388607	0～16777215	中型整数
INT	4字节	−2147483648～2147483647	0～4294967295	标准整数
BIGINT	8字节	−9223372036854775808～9223372036854775807	0～18446744073709551615	大整数

3.2.2 小数类型

MySQL 支持两种小数类型:精确小数类型(小数点后数字的位数确定)和浮点数类型(小数点后数字的位数不确定),其中浮点数类型包括单精度浮点数和双精度浮点数,如

表 3-3 所示。双精度的浮点数类型的小数取值范围和精度远远大于单精度浮点数类型的小数,同时也会耗费更多的存储空间,降低数据的计算性能。

表 3-3 小数类型

数 据 类 型	单 位	取 值 范 围	说 明
FLOAT	8 或 4 字节	$+(-)3.402823466E+38$	单精度浮点数
DOUBLE	8 字节	$+(-)1.7976931348623157E+308$ $+(-)2.2250738585072014E-308$	双精度浮点数
DECIMAL	自定义长度	可变	小数位数确定的小数

DECIMAL(length,precision)用于表示精度确定的小数类型,length 决定了该小数的最大位数,precision 用于设置精度(小数点后数字的位数)。例如:DECIMAL(5,2)表示小数取值范围为 $-999.99 \sim 999.99$,DECIMAL(5,0)表示为 $-99999 \sim 99999$ 的整数。DECIMAL(length,precision)占用的存储空间由 length 和 precision 的值决定。例如:DECIMAL(18,9)会在小数点两边各存储 9 个数字,共占用 9 个字节的存储空间,其中 4 个字节存储小数点之前的数字,1 个字节存储小数点,另外 4 个字节存储小数点之后的数字。

例 3.2 创建商品表,设置数值型数据类型,SQL 语句如下,运行结果如图 3-4 所示。

```
CREATE TABLE 商品表(
订单号    CHAR(10),
商品名称   CHAR(10),
商品价格 DECIMAL(5,2),
商品销量 INT,
折后价 FLOAT(5,2),
销售总额 DOUBLE);
```

图 3-4　商品表

3.2.3 字符串类型

MySQL 字符串类型主要支持 6 种:CHAR、VARCHAR、TINYTEXT、TEXT、MEDIUMTEXT、LONGTEXT。本节主要介绍常用的三种字符串类型:CHAR、VARCHAR、TEXT,如表 3-4 所示。

表 3-4 常规字符串类型

类 型	取 值 范 围	说 明
CHAR(N)	0~255 个字符	固定长度为 N 的字符串,其中 N 的取值范围为 0~255,英文一个字节,汉字两个字节

类　型	取值范围	说　明
VARCHAR(N)	0~255 个字符	长度可变,最多 8000 个英文,4000 个汉字
TEXT		长度可变,超大数据

　　CHAR(N)为固定长度的字符串类型,N 取值可以为 0~255 之间,当保存 CHAR 值时,字符串实际的长度小于定义的长度,会在它们的右边填充空格以达到指定的长度。当检索 CHAR 值时,尾部的空格被删除,在存储或检索过程中不进行大小写转换。CHAR 存储定长数据很方便,CHAR 字段上的索引效率极高,比如定义 CHAR(10),那么不论存储的数据是否达到了 10 个字节,都要占去 10 个字节的空间,不足的自动用空格填充。

　　VARCHAR(N)为可变长字符串类型,N 取值可以为 0~65535 之间,VARCHAR 的最大有效长度由最大行大小和使用的字符集确定。对不同的字符集,有效长度不一样,比如字符集是 UTF8 的,最多容纳 21845 个字符。VARCHAR 值保存时只保存需要的字符数,另加一个字节来记录长度(如果列声明的长度超过 255,则使用两个字节)。VARCHAR 值保存时不进行填充。当值保存和检索时尾部的空格仍保留。VARCHAR 存储变长数据可节约存储空间,但存储效率没有 CHAR 高。如果一个字段可能的值是不固定长度的,而且长度不可能超过 50 个字符,把它定义为 VARCHAR(50)最合适。从存储空间上考虑,用 VARCHAR 合适;从查询效率上考虑,用 CHAR 合适,关键是根据实际情况找到权衡点。比如,VARCHAR(100)的最大长度是 100,但是,不是每条记录都要占用 100 个字节。而是在这个最大值范围内,使用多少分配多少,VARCHAR 类型实际占用的空间为字符串的实际长度加一。这样可有效节约系统的存储空间。

　　TEXT 类型是一种特殊的字符串类型。TEXT 只能保存字符数据。TEXT 类型包括 TINYTEXT、TEXT、MEDIUMTEXT、LONGTEXT。这种字符串类型实际使用并不是太多,一般用来直接存储一个比较大的文本,比如说一篇文章、一篇新闻。

例 3.3　　创建顾客信息表,表名为顾客信息,SQL 语句如下,运行结果如图 3-5 所示。

```
CREATE TABLE 顾客信息(
买家 ID CHAR(10),
姓名 CHAR(10),
家庭住址  VARCHAR(50),
联系电话 CHAR(11),
备注 TEXT);
```

```
mysql> CREATE TABLE 顾客信息(
    -> 买家ID CHAR(10),
    -> 姓名 CHAR(10),
    -> 家庭住址  VARCHAR(50),
    -> 联系电话 CHAR(11),
    -> 备注 TEXT);
Query OK, 0 rows affected (0.12 sec)
```

图 3-5　创建顾客信息表

3.2.4 日期类型

MySQL 主要支持 5 种日期类型：DATETIME、DATE、TIMESTAMP、TIME 和 YEAR，如表 3-5 所示。其中的每种类型都有其取值的范围，如赋予它一个不合法的值，将会被"0"代替。

表 3-5 日期类型

类 型	取 值 范 围	说 明
DATE	1000-01-01～9999-12-31	日期,格式为 YYYY-MM-DD
TIME	－838:59:59～ 838:59:59	时间,格式为 HH:MM:SS
DATETIME	1000-01-01 00:00:00～ 9999-12-31 23:59:59	日期和时间,格式为 YYYY-MM-DD HH:MM:SS
TIMESTAMP	1970-01-01 00:00:00～ 2037 年的某个时间	时间标签,在处理报告时使用,显示格式取决于 M 的值
YEAR	1901～2155	年份可指定两位数字和四位数字的格式

DATETIME 与 TIMESTAMP 都是日期和时间的混合类型，区别在于表示的取值范围不同，DATETIME 的取值范围为 1000～9999，TIMESTAMP 的取值范围为 1970～2037。如果将 NULL 插入 TIMESTAMP 字段，该字段的值则是 MySQL 服务器当前的日期和时间，而且同一个 TIMESTAMP 类型的日期或时间，不同的时区，显示结果不同。

YEAR 类型使用一个字节表示年份。MySQL 检索并且以 YYYY 格式显示 YEAR 值，其范围是 1901 到 2155。YEAR 类型的最大优点是，当指定一个在 00 到 99 范围的 2 位字符串或者一个在 00 到 69 和 70 到 99 范围的值时会被变换到 2000 到 2069 范围和 1970 到 1999 的 YEAR 值。

例 3.4 创建包含日期类型的表 TODAY，SQL 语句如下，运行结果如图 3-6 所示。

```
CREATE TABLE TODAY(T1 DATETIME,T2 DATE,T3 TIME,T4 TIMESTAMP,T5 YEAR);
```

```
mysql> CREATE TABLE TODAY(T1 DATETIME,T2 DATE,T3 TIME,T4 TIMESTAMP,T5 YEAR);
Query OK, 0 rows affected (0.09 sec)
```

图 3-6 TODAY 表

3.2.5 复合类型

MySQL 支持两种复合类型：ENUM 枚举类型和 SET 集合类型，如表 3-6 所示。

表 3-6 复合类型

类 型	最 大 值	说 明
ENUM("value1","value2",…)	65535	该类型的字段只能容纳所列值之一或为 NULL
SET ("value1","value2",…)	64	该类型的字段可以容纳一组值或为 NULL

ENUM 类型的字段只允许从集合中选择某一个值，类似于单选按钮的功能，一个 ENUM 类型的数据最多可以包含 65535 个元素。例如，定义一个人的性别只能从集合{'男','女'}中选择一个值。

SET 类型的字段可以允许从集合中选择多个值，类似于复选框的功能，一个 SET 类型最多可以包含 64 个元素。例如,定义一个人的爱好可以从集合{'看书','唱歌','跳舞','打乒乓球','旅游'}中选择一个或多个值。

　　ENUM 和 SET 类型在数据库内部并不是用字符的方式存储的,而是使用一系列的数字,因此数据处理时效率更高。

　　例 3.5　创建学生兴趣表,包含字段有学号、姓名、性别、爱好,SQL 语句如下,运行结果如图 3-7 所示。

```
CREATE TABLE 学生兴趣(
学号    CHAR(10),
姓名    CHAR(10),
性别    ENUM('男','女'),
爱好    SET('看书','唱歌','跳舞','打乒乓球','旅游','游泳'));
```

```
mysql> CREATE TABLE 学生兴趣(
    -> 学号    CHAR(10),
    -> 姓名    CHAR(10),
    -> 性别    ENUM('男','女'),
    -> 爱好    SET('看书','唱歌','跳舞','打乒乓球','旅游','游泳'));
Query OK, 0 rows affected (0.03 sec)
```

图 3-7　创建学生兴趣表

3.2.6　二进制类型

　　二进制类型是在数据库中存储二进制数据的数据类型,主要用于存储由'0'和'1'组成的字符串。因此从某种意义上讲,二进制类型的数据是一种特殊格式的字符串。二进制类型与字符串类型的区别在于:字符串类型的数据以字符为单位进行存储,因此存在多种字符集、多种字符序;而二进制类型的数据以字节为单位进行存储,仅存在二进制字符集 BINARY。二进制类型包括 BINARY、VARBINARY、BIT、TINYBLOB、BLOB、MEDIUMBLOB、LONGBLOB,如表 3-7 所示。

表 3-7　二进制类型

类　　型	取 值 范 围	说　　　明
BINARY	0～255	固定长度,存储二进制数
VARBINARY		可变长度,存储二进制数
BIT	1～64	固定长度,存储二进制数
TINYBLOB	0～255	可变长度,存储二进制数
BLOB	$0 \sim 2^{16}-1$	可变长度,存储图片、声音
MEDIUMBLOB	$0 \sim 2^{24}-1$	可变长度,存储图片、声音、视频
LONGBLOB	$0 \sim 2^{32}-1$	可变长度,存储图片、声音、视频

　　BINARY 类型的长度是固定的,在创建表时就指定了。不足最大长度的空间由'\0'补全。例如,BINARY(50)就是指定 BINARY 类型的长度为 50。

　　VARBINARY 类型的长度是可变的,在创建表时指定了最大长度。指定好了 VARBINARY 类型的最大值以后,其长度可以在 0 到最大长度之间。例如,VARBINARY(50)的最大字节长度是 50,但是,不是每条记录的字节长度都是 50。在这个最大值范围内,使用多少分配多少。VARBINARY 类型实际占用的空间为实际长度加一。这样,可以有效地节约存储空间。

BIT 类型也是在创建表时指定了最大长度,最大字节长度为 64。例如,BIT(4)就是数据类型为 BIT 类型,长度为 4。若字段的类型为 BIT(4),存储的数据是 0~15。因为,变成二进制以后,15 的值为 1111,长度为 4。如果插入的值为 16,其二进制数为 10000,长度为 5,超过了最大长度,因此,大于等于 16 的数是不能插入到 BIT(4)类型的字段中的。

BLOB 类型是一种特殊的二进制类型。BLOB 可以用来保存数据量很大的二进制数据,如图片等。BLOB 类型包括 TINYBLOB、BLOB、MEDIUMBLOB、LONGBLOB。这几种 BLOB 类型最大的区别就是能够保存的最大长度不同。LONGBLOB 的长度最大,TINYBLOB 的长度最小。BLOB 类型与 TEXT 类型很类似,不同点在于 BLOB 类型用于存储二进制数据,BLOB 类型数据是根据其二进制编码进行比较和排序的,而 TEXT 类型是以文本模式进行比较和排序的。BLOB 类型主要用来存储图片、PDF 文档等二进制文件。通常情况下,可以将图片、PDF 文档存储在文件系统中,然后在数据库中存储这些文件的路径。这种存储方式比直接存储在数据库中简单,但是访问速度比存储在数据库中慢。

3.2.7　选择合适的数据类型

选择合适的数据类型,不仅可以节省储存空间,还可以有效地提升数据的计算性能。在创建表时,使用哪种数据类型,应遵循以下原则:

(1) 在符合应用要求(取值范围、精度)的前提下,尽量使用"短"数据类型,例如字段的值永远不超过 127,则使用 TINYINT 比 INT 好。

(2) 数据类型越简单越好。

(3) 在 MySQL 中,应该用内置的日期和时间数据类型,而不是用字符串来存储日期和时间。

(4) 对于字段值完全由数字组成,也不执行加减乘除运算的,可以选择字符串类型。

(5) 尽量采用精确小数类型(例如 DECIMAL),而不采用浮点数类型。使用精确小数类型不仅能够保证数据计算更为精确,还可以节省储存空间,例如货物单价、员工的工资、网上购物交付金额等。

(6) 尽量避免 NULL 字段,建议将字段指定为 NOT NULL 约束。

在创建表时,使用字符串类型时应遵循以下原则:

(1) 从速度方面考虑,要选择固定的列,可以使用 CHAR 类型。

(2) 要节省空间,使用动态的列,可以使用 VARCHAR 类型。

(3) 要将列中的内容限制在一种选择,可以使用 ENUM 类型。

(4) 允许在一个列中有多于一个的条目,可以使用 SET 类型。

(5) 如果要搜索的内容不区分大小写,可以使用 TEXT 类型。

在为字段选择某种数据类型时,应该注意所要表示的值的范围和存储需求,选择能覆盖要取值的范围的最小类型即可。选择较大的类型会对存储空间造成浪费,处理起来没有选择较小的类型那样有效。

3.3　修改表的结构

创建数据表如果结构设计不完整或数据类型选择错误,可使用 ALTER TABLE 语句修改表的结构,表结构的修改有增加字段、删除字段、修改数据类型、字段名重命名等内容。

1. 增加字段

在表中增加字段,可以在表的任何位置增加,默认时加在表最右边,语法结构为:

ALTER TABLE 表名 ADD 新字段名 新数据类型 〔FIRST | AFTER 旧字段名〕;

说明:

表名:用户数据库中有多张表,要指出修改的表名。

新字段名:要添加的字段名称。

新数据类型:和创建表时选择数据类型原则一致。

FIRST:将新字段添加到表的最左边。

AFTER 旧字段名:将新字段添加到表中原有的某个字段的后面。

2. 删除字段

删除表中的某个字段,语法结构为:

ALTER TABLE 表名 DROP 字段名;

3. 修改字段的数据类型

修改表中的某个字段的数据类型,和原数据类型无关,新的数据类型可以是数值类型、字符串类型及长度、日期类型等,语法结构为:

ALTER TABLE 表名 MODIFY 字段名 新数据类型;

4. 修改字段名

表中的字段如果命名错误,可以重命名字段,语法结构为:

ALTER TABLE 表名 CHANGE 旧字段名 新字段名 数据类型;

例 3.6 根据要求修改顾客信息表,表结构如表 3-8 所示。具体要求如下:

(1) 在"姓名"字段之前(左边)增加"顾客编号"字段,数据类型为字符串类型,长度为 10;

(2) 在字段"性别"后(右边)增加"年龄"字段,数据类型为最小整型;

(3) 在"联系方式"字段后增加"家庭住址"字段,数据类型为可变字符串类型,长度为 50;

(4) 将"省份证"字段名修改为"身份证号";

(5) 将"联系方式"的数据类型修改为字符串类型,长度为 11;

(6) 删除"爱好"字段。

表 3-8 顾客信息

姓 名	省 份 证	性 别	联 系 方 式	爱 好

SQL 语句如下,运行结果如图 3-8 所示,修改后的表结构如图 3-9 所示。

ALTER TABLE 顾客信息 ADD 顾客编号 CHAR(10) FIRST;
ALTER TABLE 顾客信息 ADD 年龄 TINYINT AFTER 性别;
ALTER TABLE 顾客信息 ADD 家庭住址 VARCHAR(50);
ALTER TABLE 顾客信息 CHANGE 省份证 身份证号 CHAR(18);
ALTER TABLE 顾客信息 MODIFY 联系方式 CHAR(11);
ALTER TABLE 顾客信息 DROP 爱好;

```
mysql> ALTER TABLE 顾客信息  ADD  顾客编号  CHAR(10)  FIRST;
Query OK, 0 rows affected (0.09 sec)
Records: 0 Duplicates: 0 Warnings: 0

mysql> ALTER TABLE 顾客信息  ADD  年龄  TINYINT  AFTER  性别;
Query OK, 0 rows affected (0.08 sec)
Records: 0 Duplicates: 0 Warnings: 0

mysql> ALTER TABLE 顾客信息  ADD  家庭住址  VARCHAR(50) ;
Query OK, 0 rows affected (0.02 sec)
Records: 0 Duplicates: 0 Warnings: 0

mysql> ALTER TABLE 顾客信息  CHANGE  省份证  身份证号 CHAR(18);
Query OK, 0 rows affected (0.08 sec)
Records: 0 Duplicates: 0 Warnings: 0

mysql> ALTER TABLE 顾客信息  MODIFY    联系方式  CHAR(11);
Query OK, 0 rows affected (0.01 sec)
Records: 0 Duplicates: 0 Warnings: 0

mysql> ALTER TABLE 顾客信息  DROP  爱好;
Query OK, 0 rows affected (0.13 sec)
Records: 0 Duplicates: 0 Warnings: 0
```

图 3-8　修改顾客信息表结构

```
mysql> desc 顾客信息 ;
```

Field	Type	Null	Key	Default	Extra
顾客编号	char(10)	YES		NULL	
姓名	char(10)	YES		NULL	
身份证号	char(18)	YES		NULL	
性别	char(10)	YES		NULL	
年龄	tinyint(4)	YES		NULL	
联系方式	char(11)	YES		NULL	
家庭住址	varchar(50)	YES		NULL	

```
7 rows in set (0.01 sec)
```

图 3-9　修改后的表结构

 ## 3.4　设置约束

为表设置约束是解决数据完整性的主要方法。MySQL 数据库将数据完整性解释为:存储在数据库中的所有数据值均正确。如果数据库中存储有不正确的数据值,则称该数据库已丧失数据完整性。数据完整性(data integrity)是指数据的精确性(accuracy)和可靠性(reliability)。它的作用是防止数据库中存在不符合语义规定的数据和防止因数据库操作员错误数据的输入/输出而造成数据库中存在错误数据。MySQL 数据库设置了相关约束,约束就是一种强制性的规定,是通过定义字段的取值规则来维护数据完整性的。MySQL 数据库支持的约束有:PRIMARY KEY(主键)约束、NOT NULL(非空)约束、UNIQUE(唯一)约束、FOREIGN KEY(外键)约束和 DEFAULT(默认)约束。在 MySQL 中,为表创建约束有两种方法:① 在创建表时添加约束;② 通过修改表结构添加约束。

3.4.1　在创建表时添加约束

1. 主键约束

MySQL 数据库规定数据表中不能有重复的记录值出现,一张表有多个字段,如果保证有一个字段的值是不重复的,则在表中就不可能存在完全相同的记录。因此创建数据表时要把表中关键的字段设置为主键。例如,在"学生信息"表中要区分每一个学生,区分的唯一标志不是姓名,也不是出生日期,更不能是班级,而是每个学生唯一的"学号",所以要把"学号"字段设为主键。当字段被设置为主键时,该字段的值就不能为空,也不能重复。设置主键的方法有两种：

（1）如果一张表的主键是单个字段，在创建表结构时，在该字段的数据类型后加上"PRIMARY KEY"关键字，即可以为该字段添加主键约束，语法结构为：

```
字段名 数据类型  PRIMARY KEY;
```

或：

```
CONSTRAINT  约束名称  PRIMARY KEY(字段名);
```

例 3.7　将学生信息表中的"学号"字段设置为主键，SQL 语句如下：

```
学号 CHAR(11) PRIMARY KEY;
```

或：

```
CONSTRAINT ST_PK PRIMARY KEY(学号);
```

其中 ST_PK 是主键约束名。

（2）如果一张表的单个字段无法被定义为主键，则需要把多个字段共同设置为主键，即复合主键，语法结构为：

```
CONSTRAINT 约束名称 PRIMARY KEY(字段名 1,字段名 2);
```

例 3.8　为学生选课表创建主键。该表中，一个学生可以选修多门课程，一门课程可以被多个学生选修，因此"学号"和"课程号"都不能单独被设置为主键，需要把"学号"和"课程号"共同设置为主键。SQL 语句如下，运行结果如图 3-10 所示。

```
CREATE TABLE 学生选课(
学号 CHAR(10),
课程号 CHAR(10),
成绩 INT,
CONSTRAINT  S_C_PK  PRIMARY KEY(学号,课程号));
```

```
mysql> CREATE TABLE 学生选课(
    -> 学号 CHAR(10),
    -> 课程号 CHAR(10),
    -> 成绩 INT,
    -> CONSTRAINT  S_C_PK  PRIMARY KEY(学号,课程号) );
Query OK, 0 rows affected (0.10 sec)
```

图 3-10　添加复合主键

如果表中的主键是复合主键，也可以为该表新增一个字段，类似于表中的序号，并设置为自动增长型数据以设置主键。自增型字段的值从 1 开始递增，且步长为 1。

例 3.9　为课程信息表中的"课程号"设置自动增长型字段，并设置为主键。SQL 语句如下：

```
CREATE TABLE 课程信息(
课程号 INT AUTO_INCREMENT  PRIMARY KEY,
课程名称 CHAR(10),
学分 INT DEFAULT 4
)ENGINE＝INNODB;
```

2. 唯一约束

在一张数据表中，有时除主键需要具有唯一性外，表中其他的字段也需要具有唯一性。例如，在"班级信息"表中，字段"班级代码"和"班级名称"的值都不能重复，都具有唯一性特

征。"班级名称"虽不是主键,但可以通过添加唯一约束设置它的唯一性,这时就需要在创建表时添加一约束。语法格式为:

```
字段名   数据类型   UNIQUE;
```

3. 非空约束

非空约束用来强制实现数据的域完整性,它用来设定某列值不能为空。语法格式为:

```
字段名   数据类型   NOT NULL;
```

4. 默认约束

利用默认值可以为未填入值的字段强制填入一个默认情况下的值。语法格式为:

```
字段名 数据类型 DEFAULT '值';
```

其中,值如果是数字可省略单引号。

5. 外键约束

数据库中的表与表之间的数据是有关联性的,为了防止数据丢失或无意义的数据在数据库中扩散,使得数据不一致,需要设置外键。一张表中的字段值恰好引用了另外一张表的主键值,那么该字段就是本表的外键。外键不应该是本表的主键,但它可以与其他字段共同设置为该表的主键。当然一张表可以添加多个外键,实现多张表的数据关联。外键的作用有如下三个方面:

(1)禁止在从表中插入主表中不存在的数据。

(2)禁止由于修改主表中主键的值,导致从表中相应的外键值孤立。

(3)禁止删除在从表中有对应记录的主表记录。

设置外键的语法格式为:

```
CONSTRAINT 约束名称 FOREIGN KEY(字段名) REFERENCES 主表名(字段名);
```

例 3.10 在 CHOOSE 数据库中为学生选课表添加外键约束。学生选课表的"学号"和"课程号"的数据分别来源于主表学生信息表和课程信息表。因此要把学生选课表的"学号"和"课程号"分别设置为外键。SQL 语句如下,运行结果如图 3-11 所示。

```
CREATE TABLE 学生选课(
学号 CHAR(10),
课程号 INT,
成绩 INT,
CONSTRAINT  S_C_PK  PRIMARY KEY(学号,课程号),
CONSTRAINT C_FK  FOREIGN KEY(课程号) REFERENCES 课程信息(课程号);
CONSTRAINT S_FK  FOREIGN KEY(学号) REFERENCES 学生信息(学号));
```

其中:S_C_PK 是主键约束名,C_FK 和 S_FK 分别是外键约束名。

```
mysql> CREATE TABLE 学生选课(
    -> 学号 CHAR(10),
    -> 课程号  INT,
    -> 成绩  INT,
    -> CONSTRAINT  S_C_PK  PRIMARY KEY(学号,课程号),
    -> CONSTRAINT C_FK  FOREIGN KEY(课程号) REFERENCES 课程信息(课程号),
    -> CONSTRAINT S_FK  FOREIGN KEY(学号) REFERENCES 学生信息(学号));
Query OK, 0 rows affected (0.08 sec)
```

图 3-11 创建设置外键的表

例 3.11 在图书销售管理数据库中,建立一个"book"表,根据表 3-9 的描述创建表。

表 3-9 book 表结构

字 段 名 称	数 据 类 型	字 段 长 度	说　明
图书编号	CHAR	10	设置为主键
书名	VARCHAR	30	添加唯一约束
作者	VARCHAR	30	默认值为 "作者不详"
单价	DECIMAL(5,2)		默认值为 0
出版社	CHAR	12	不能为空

SQL 语句如下,运行结果如图 3-12 所示。

```
CREATE TABLE book
(图书编号 CHAR(10) PRIMARY KEY,
书名 VARCHAR(30) UNIQUE,
作者 VARCHAR(30) DEFAULT  '作者不详',
单价 DECIMAL(5,2) DEFAULT 0,
出版社 CHAR(12) NOT NULL
);
```

```
mysql> CREATE TABLE book
    -> (图书编号 CHAR(10) PRIMARY KEY,
    -> 书名 VARCHAR(30) UNIQUE,
    -> 作者 VARCHAR(30) DEFAULT '作者不详',
    -> 单价 DECIMAL(5,2) DEFAULT 0,
    -> 出版社 CHAR(12) NOT NULL
    -> );
Query OK, 0 rows affected (0.09 sec)
```

图 3-12 创建 book 表

3.4.2 修改表结构添加约束

使用 SQL 语句可以添加主键和外键,也可以通过修改表结构语句"ALTER TABLE"为已经创建好的表添加约束,语法格式如下:

```
ALTER  TABLE  表名  ADD  CONSTRAINT 约束名  约束类型(字段名[,…N]);
```

其中约束类型可以是 PRIMARY KEY、FOREIGN KEY。而 NOT NULL、UNIQUE、DEFAULT 约束可以通过修改表结构中的字段实现。例如,给学生选课表的"成绩"字段添加非空约束和设置默认值为 0,语法为:

```
ALTER  TABLE  学生选课 MODIFY 成绩 INT NOT NULL DEFAULT 0;
```

例 3.12　给例 3.10 的学生选课表添加主键和外键,修改表结构添加外键。SQL 语句如下:

```
ALTER  TABLE  学生选课  ADD  CONSTRAINT  S_C_PK PRIMARY KEY(学号,课程号);
ALTER  TABLE  学生选课  ADD  CONSTRAINT  C_FK  FOREIGN KEY(课程号)
REFERENCES 课程信息(课程号);
ALTER  TABLE  学生选课  ADD  CONSTRAINT  S_FK  FOREIGN KEY(学号)
REFERENCES 学生信息(学号));
```

3.4.3 删除约束

（1）删除表的主键约束语法格式比较简单，为：

```
ALTER TABLE 表名 DROP PRIMARY KEY;
```

（2）删除表的外键约束时，需指定外键约束名称，语法格式如下：

```
ALTER TABLE 表名 DROP FOREIGN KEY 约束名;
```

MySQL 提供了许多实现数据完整性的方法。除了本节介绍的约束外，还有前面 3.2 节介绍的数据类型和后面 7.2 节介绍的触发器等。对于某一问题可能存在多种解决办法，应该根据系统的实际要求，从数据完整性方法实现的功能和开销综合考虑。

3.5 数据更新

数据更新操作包括数据插入、数据修改和数据删除等操作。数据表结构创建成功后，要向表中插入数据，在使用数据过程中有出现错误的数据或需要修改的数据，可以删除表中的若干记录和修改数据表的数据。

3.5.1 插入数据

MySQL 数据库常用 INSERT 语句插入数据，使用一次可以插入一行数据（一条记录）或插入多行数据（多条记录），语法格式为：

格式一：

```
INSERT [INTO] 表名 [(字段列表)] VALUES(字段值 1,字段值 2,字段值 3,…);
```

格式二：

```
INSERT [INTO] 表名 SET 字段 1＝值 1,字段 2＝值 2,…;
```

说明：

INTO：在 MySQL 8.0 版本中，该关键字可以省略。

字段列表：表中的字段可以省略，也可以列出其中的部分字段。

VALUES：指定表中每个字段的具体取值，并且按表中字段的存放次序给出。

字段值：与表中字段的数据类型一致，如果字段的数据类型是数值型，则字段值不需要加单引号或双引号，其他数据类型的值都必须加单引号或双引号，例如 5、6.908、'张三'、'2018-12-12'等。

 例 3.13 　使用 INSERT 语句向学生信息表中插入数据。SQL 语句如下，运行结果如图 3-13 所示。

- 插入一行数据：

```
INSERT INTO 学生信息(学号,姓名,性别,年龄,联系方式)
VALUES('64001001','玛丽','女',22,'18980088888');
```

- 插入一行数据，省略字段列表：

```
INSERT INTO 学生信息 VALUES('64001001','玛丽','女',22,'18980088888');
```

- 插入多行数据：

```
INSERT INTO 学生信息(学号,姓名,性别,年龄,联系方式) VALUES
('64001001','小强','男',21,'18980086666'),
('64001002','马六','男',22,'18980084444'),
('64001003','王五','女',10,'18980083333'),
('64001005','田七','女',22,'18980081111');
```

数据插入除了插入已给定的值，还可以是表中字段值的计算、表达式、数据查询结果（详细讲解见 4.6 节）等。

```
mysql> INSERT INTO 学生信息(学号,姓名,性别,年龄,联系方式) VALUES
    -> ('64001001','小强','男',21,'18980086666'),
    -> ('64001002','马六','男',22,'18980084444'),
    -> ('64001003','王五','女',10,'18980083333'),
    -> ('64001005','田七','女',22,'18980081111');
Query OK, 4 rows affected (0.07 sec)
Records: 4  Duplicates: 0  Warnings: 0
```

图 3-13 插入数据

例 3.14 向销售统计表(商品编号,销售数量,销售单价,销售金额)插入数据,因为销售金额＝销售数量＊销售单价,在插入数据时不需要给出销售金额的具体取值,可以由销售数量和销售单价的计算获得。SQL 语句为:

```
INSERT INTO 销售统计(商品编号,销售数量,销售单价,销售金额)
VALUES('64001001',200,50.89,销售数量*销售单价);
```

插入数据时每执行一次 INSERT 语句都会在表中生成新的数据行。还可以使用 REPLACE 语句完成数据插入,REPLACE 功能与 INSERT 完全一样,除了如果插入新记录的值和表中具有唯一索引或唯一约束的旧记录值相同,则 REPLACE 会在新记录被插入之前删除旧记录,而 INSERT 语句会产生一个错误。

3.5.2 修改数据

修改数据时可以修改数据表中一个字段或多个字段的全部值,也可修改满足条件的数据行和列的部分值,语法格式为:

```
UPDATE  表名
SET 字段名 1＝值 1[,字段名 2＝值 2,…,字段名 N＝值 N]
[WHERE 条件表达式]
```

其中:

WHERE 子句是可选的,如果省略则表示表中对应的字段值都被更新。

值,可以是表达式、表字段的计算、指定的数据、查询结果(详解见 4.6 节)等。

例 3.15 根据表 3-10 所示的学生信息表,完成下列数据修改。运行结果如图 3-14 所示。运行后表数据如图 3-15 所示。

表 3-10　学生信息

学　号	姓　名	性　别	年　龄	联系方式
64001001	小强	男	21	18980086666
64001002	马六	男	22	18980084444
64001003	王五	女	10	18980083333
64001005	田七	女	22	18980081111

(1) 将所有学生的"联系方式"修改为"无"。

```
UPDATE  学生信息  SET  联系方式＝'无';
```

(2) 把所有女生的年龄增加 5 岁。

```
UPDATE  学生信息  SET 年龄＝年龄 ＋5 WHERE 性别＝'女';
```

(3) 把学号为"64001001"的联系方式修改为"13545388888"。

```
UPDATE  学生信息  SET  联系方式＝'13545388888'
WHERE 学号＝'64001001';
```

```
mysql> UPDATE  学生信息  SET  联系方式='无';
Query OK, 0 rows affected (0.00 sec)
Rows matched: 0  Changed: 0  Warnings: 0

mysql> UPDATE  学生信息  SET 年龄=年龄 +5 WHERE 性别='女';
Query OK, 0 rows affected (0.00 sec)
Rows matched: 0  Changed: 0  Warnings: 0

mysql> UPDATE  学生信息  SET  联系方式='13545388888' WHERE 学号='64001001'
Query OK, 0 rows affected (0.00 sec)
Rows matched: 0  Changed: 0  Warnings: 0
```

图 3-14　UPDATE 语句用法

学号	姓名	性别	年龄	联系方式
64001001	小强	男	21	13545388888
64001002	马六	男	22	无
64001003	王五	女	15	无
64001005	田七	女	27	无

图 3-15　修改后的表数据

3.5.3　删除数据

（1）用 DELETE 语句删除记录，语法格式为：

```
DELETE FROM 表名［WHERE 条件表达式］;
```

说明：

如果没有指定 WHERE 子句（省略了 WHERE 子句），那么该表的所有记录都将被删除，但表结构依然存在，所以 DELETE 语句有两种用法：

* 删除表中所有数据：

```
DELETE FROM 表名;
```

【例】删除学生信息表 student 的所有数据，SQL 语句如下：

```
DELETE FROM student;
```

* 删除部分数据（满足条件的数据）：

```
DELETE FROM 表名 WHERE  条件;
```

【例】删除学生信息表 student 的班级编号为 1 的学生信息，SQL 语句如下：

```
DELETE FROM   student  WHERE  班级编号＝1;
```

（2）用 TRUNCATE TABLE 语句完全清空一个表，语法格式为：

```
TRUNCATE［TABLE］表名;
```

从逻辑上说，TRUNCATE 语句与 DELETE 语句作用相同，但是在某些情况下，两者在使用上有所区别。例如：清空记录的表如果是父表，那么 TRUNCATE 命令将永远执行失败。如果使用 TRUNCATE TABLE 成功清空表记录，那么会重新设置自增型字段的计数器。TRUNCATE TABLE 语句不支持事务的回滚，并且不会触发触发器程序的运行。而使用 DELETE 语句删除的数据是可以恢复的。

3.6　综合案例

在 MySQL 环境下，创建学生选课数据库和图书销售管理数据库。以后章节的内容基于这两个数据库完成。SQL 语句如下：

```sql
CREATE DATABASE choose;    # 创建数据库 choose
USE choose                 # 打开数据库 choose
# 创建部门信息表 department
CREATE TABLE department(
学院编号 INT AUTO_INCREMENT PRIMARY KEY,
学院名称 CHAR(20) NOT NULL UNIQUE
)ENGINE＝InnoDB;
# 向 department 表插入数据
INSERT INTO department VALUES(NULL,'机电工程学院');
INSERT INTO department VALUES(NULL,'土木工程学院');
INSERT INTO department VALUES(NULL,'计算机学院');
INSERT INTO department VALUES(NULL,'管理工程学院');
INSERT INTO department VALUES(NULL,'生物工程学院');
# 创建班级信息表 classes
CREATE TABLE classes(
班级编号 CHAR(4)  PRIMARY KEY,  # 设置班级编号为主键
班级名称 CHAR(20) NOT NULL UNIQUE,# 设置班级名称不允许为空,且唯一
学院编号 INT,
CONSTRAINT d_c_fk FOREIGN KEY(学院编号) REFERENCES department(学院编号)
)ENGINE＝InnoDB;
# 向 classes 表插入数据
INSERT INTO classes VALUES('01','19计算机科学与技术1班',3);
INSERT INTO classes VALUES('02','19计算机科学与技术2班',3);
INSERT INTO classes VALUES('03','19计算机科学与技术3班',3);
INSERT INTO classes VALUES('04','19信息管理1班',4);
INSERT INTO classes VALUES('05','19机电1班',1);
INSERT INTO classes VALUES('06','19机电2班',1);
INSERT INTO classes VALUES('07','19生工1班',5);
# 创建学生信息表 student
CREATE TABLE student(
学号 CHAR(11) PRIMARY KEY,  # 学号不允许重复
姓名 CHAR(10) NOT NULL,         # 学生姓名不允许为空
性别 ENUM('男','女'),
出生日期 DATETIME,
班级编号  CHAR(4),
CONSTRAINT s_c_fk FOREIGN KEY(班级编号) REFERENCES classes(班级编号)
                              # 设置班级编号为外键
)ENGINE＝InnoDB;
# 向学生信息表插入数据
INSERT INTO student VALUES
('01640401','浅浅','女','2001-05-06 00:00:00','01');
INSERT INTO student VALUES
('01640402','猴子','男','2000-02-20 00:00:01','01'),
```

```
('01640403','魔兽','男','2000-02-20 00:00:00','01'),
('01640404','英雄','女','1998-03-18 00:00:00','02'),
('01640405','火王','男','1992-04-01 00:00:00','03'),
('01640406','马浅','女','2001-03-04 00:00:00','04'),
('01640407','田七','男','2002-03-04 00:00:00','02');
# 创建课程信息表 course
CREATE TABLE course(
课程号 INT AUTO_INCREMENT PRIMARY KEY,    # 设置课程号为自动增长型,且为主键
课程名称 CHAR(10) NOT NULL,              # 设置课程名不允许重复
学分 INT DEFAULT 4,                     # 设置学分的默认值为 4
学院编号 INT,
CONSTRAINT c_fk FOREIGN KEY(学院编号) REFERENCES department(学院编号)
)ENGINE＝InnoDB;
# 向 course 表插入数据
INSERT INTO course VALUES( NULL,'Java 语言程序设计',3,1);
INSERT INTO course VALUES( NULL,'MySQL 数据库',2,2);
INSERT INTO course VALUES( NULL,'C 语言程序设计',4,1);
INSERT INTO course VALUES( NULL,'C＋＋',2,2);
INSERT INTO course VALUES( NULL,'系统管理',2,5);
INSERT INTO course VALUES( NULL,'高等数学',5,1);
# 创建学生选课信息表 choose
CREATE TABLE choose(
学号 CHAR(11),
课程号 INT,
成绩 TINYINT UNSIGNED,
PRIMARY KEY(学号,课程号),
选课时间 DATETIME DEFAULT NOW(),
CONSTRAINT choose_student_fk FOREIGN KEY(学号) REFERENCES student(学号),
CONSTRAINT choose_course_fk FOREIGN KEY(课程号) REFERENCES course(课程号)
)ENGINE＝InnoDB;
# 向 choose 插入数据
INSERT INTO choose(学号,课程号,成绩) VALUES
('01640401',2,40),
('01640401',1,50),
('01640401',3,60),
('01640402',2,70),
('01640403',1,80),
('01640403',2,90),
('01640404',3,0),
('01640405',1,0);

# 图书销售管理数据库
CREATE TABLE bookstore(
   书店 id CHAR(10) PRIMARY KEY,
   书店名 CHAR(40) UNIQUE,
   书店地址 CHAR(60)DEFAULT '地址不详',
```

```
书店电话 CHAR(11) NOT NULL,
书店面积 FLOAT
)ENGINE＝InnoDB;
# 插入数据
INSERT INTO bookstore VALUES('1','紫光书店','武生院东区','13623123542',20.5);
INSERT INTO bookstore VALUES('2','黄菊书店','武生院西区','13624312542',30.6);
INSERT INTO bookstore VALUES('3','绿荷书店','武生院南区','11452112542',70.2);
INSERT INTO bookstore VALUES('4','蓝天书店','武生院北区','13123243542',80.3);
INSERT INTO bookstore VALUES('5','红日书店','武生院学子区','11234543242',90.5);
CREATE TABLE buyer(
买家 id CHAR(10) PRIMARY KEY,
姓名 CHAR(10) NOT NULL,
性别 ENUM('男','女') DEFAULT '男',
家庭住址　VARCHAR(10),
联系电话 CHAR(11) UNIQUE);
# 插入数据
INSERT INTO buyer VALUES('buyer1','彭万里','男','武生院学子南 101','157895614');
INSERT INTO buyer VALUES('buyer2','高大山','男','武生院学子南 102','1592345435');
INSERT INTO buyer VALUES('buyer3','孙子涵','女','武生院东八 101','18879451689');
INSERT INTO buyer VALUES('buyer4','孙丹','女','武生院东八 102','18295621876');
INSERT INTO buyer VALUES('buyer5','马建国','男','武生院北一 101','15984651894');
INSERT INTO buyer VALUES('buyer6','王卫国','男','武生院北一 102','18879456213');
INSERT INTO buyer VALUES('buyer7','周利人','男','武生院柏园 101','18879136513');
CREATE TABLE book(
图书编号 CHAR(10) PRIMARY KEY,
图书名称 CHAR(20) NOT NULL UNIQUE,
作者 VARCHAR(18) NOT NULL,
单价 DECIMAL(5,2) DEFAULT 0,
出版商 CHAR(16))ENGINE＝InnoDB;
# 插入数据
INSERT INTO book VALUES('a2018001','围城','钱钟书',18,'晨光出版社');
INSERT INTO book VALUES('a2018002','鬼谷子','奥里森·马丁',42,'北方文艺出版社');
INSERT INTO book VALUES('a2018003','人性的弱点','戴尔·卡耐基',15,'人民出版社');
INSERT INTO book VALUES('a2018004','时间简史','史蒂芬·霍金',50,'科学技术出版社');
INSERT INTO book VALUES('a2018005','方与圆','文德',6.8,'海天出版社');
INSERT INTO book VALUES('a2018006','朗读者','董卿',10.5,'中国人民大学出版社');
INSERT INTO book VALUES('a2018007','巴黎圣母院','维克多·雨果',28,'人民文学出版社');
INSERT INTO book VALUES('a2018008','活着','余华',10.5,'人民邮电出版社');
# 创建 onsale 表
CREATE  TABLE onsale(
书店 id  CHAR(10),
图书编号 CHAR(10),
上架数量 INT DEFAULT 0,
CONSTRAINT onsale_bookstore_fk FOREIGN KEY(书店 id) REFERENCES bookstore(书店 id),
CONSTRAINT onsale_book_fk FOREIGN KEY(图书编号) REFERENCES book(图书编号)
```

```
)ENGINE＝InnoDB;
# 插入数据
INSERT INTO onsale VALUES('1','a2018001',425);
INSERT INTO onsale VALUES('1','a2018004',360);
INSERT INTO onsale VALUES('1','a2018005',125);
INSERT INTO onsale VALUES('1','a2018007',285);
INSERT INTO onsale VALUES('2','a2018003',389);
INSERT INTO onsale VALUES('2','a2018008',500);
INSERT INTO onsale VALUES('3','a2018001',444);
INSERT INTO onsale VALUES('3','a2018006',310);
INSERT INTO onsale VALUES('3','a2018005',428);
INSERT INTO onsale VALUES('4','a2018004',205);
INSERT INTO onsale VALUES('4','a2018006',466);
INSERT INTO onsale VALUES('4','a2018007',400);
INSERT INTO onsale VALUES('5','a2018001',405);
INSERT INTO onsale VALUES('5','a2018002',410);
INSERT INTO onsale VALUES('5','a2018003',330);
INSERT INTO onsale VALUES('5','a2018005',445);
INSERT INTO onsale VALUES('5','a2018006',421);
INSERT INTO onsale VALUES('5','a2018008',460);
# 创建 dingdan 表
CREATE TABLE dingdan(
订单 id CHAR(20) PRIMARY KEY,
买家 id CHAR(10),
书店 id CHAR(10),
图书编号 CHAR(10),
下单数量 INT,
dingdan_time DATETIME NOT NULL,
CONSTRAINT dingdan_buyer_fk FOREIGN KEY(买家 id) REFERENCES buyer(买家 id),
CONSTRAINT dingdan_bookstore_fk FOREIGN KEY(书店 id) REFERENCES bookstore(书店
id),
CONSTRAINT dingdan_book_fk FOREIGN KEY(图书编号）REFERENCES book(图书编号）
)ENGINE＝InnoDB;
# 向 dingdan 表插入数据
INSERT INTO dingdan VALUES( 'buyer1','3','a2018001',5,'2018-11-12 10:18:26');
INSERT INTO dingdan VALUES( 'buyer2','1','a2018005',2,'2018-11-12 16:45:36');
INSERT INTO dingdan VALUES( 'buyer3','5','a2018001',6,'2018-11-13 09:16:20');
INSERT INTO dingdan VALUES( 'buyer4','3','a2018005',1,'2018-11-13 13:25:31');
INSERT INTO dingdan VALUES( 'buyer5','2','a2018008',4,'2018-11-14 15:11:24');
INSERT INTO dingdan VALUES( 'buyer6','4','a2018006',2,'2018-11-15 11:29:37');
INSERT INTO dingdan VALUES( 'buyer7','5','a2018006',4,'2018-11-15 15:19:25');
```

习　　题

1. 创建数据库表的语法格式是(　　　)。

A. SHOW [FULL] COLUMNS FROM 数据表名 [FROM 数据库名];

B. CREATE[TEMPORARY] TABLE [IF NOT EXISTS]数据表名 [（CREATE_DEFINITION,…)][TABLE_OPTIONS] [SELECT_STATEMENT]

C. ALTER[IGNORE] TABLE 数据表名 ALTER_SPEC[,ALTER_SPEC]…

D. DROP TABLE 数据表名;

2. 插入记录的语法格式是（　　　）。

A. INSERT　FROM 数据表名（COLUMN_NAME,COLUMN_NAME2,…）VALUES(VALUE1,VALUE2,…)

B. INSERT　INTO 数据表名（COLUMN_NAME,COLUMN_NAME2,…）VALUES(VALUE1,VALUE2,…)

C. INSERT　WHERE 数据表名（COLUMN_NAME,COLUMN_NAME2,…）VALUES(VALUE1,VALUE2,…)

D. INSERT　INTO FROM 数据表名（COLUMN_NAME,COLUMN_NAME2,…）VALUES(VALUE1,VALUE2,…)

3. 如何把原来的数据表重命名？

4. TRUNCATE 与 DELETE 有什么区别？

5. 什么是外键约束？简述外键约束的作用。

6. 根据表 3-11 描述创建学生兴趣爱好 enjoy 表，并根据说明添加相应的约束。

表 3-11　enjoy 表结构

字 段 名 称	数 据 类 型	说　　明
stuNo	字符	学号,该列必填,学号不能重复
stuSex	字符	学生性别,该列必填,且只能是"男"或"女"。因为男生较多,默认为"男"
stuID	数字	身份证号,是唯一的
stuAge	数字	学生年龄,该列必填
stuSeat	数字	学生的座位号,不用人工输入,采用自动编号方式
stuAddress	文本	学生地址,如没有填写,默认为"地址不详"

第④章 数据查询

数据库中最常用的操作是从表中检索所需的数据,即数据查询。本章结合"学生选课数据库"和"图书销售管理数据库"详细讲解数据查询子句 SELECT 的用法。通过本章的学习,用户可以从数据库表中检索所需要的数据。

本章要点

◇ SELECT 语句概述

◇ 简单查询

◇ 聚合函数与 GROUP BY 子句

◇ 多表连接查询

◇ 嵌套查询

◇ 数据查询与数据更新

4.1 SELECT 语句概述

数据查询操作中使用频率最高的 SQL 语句是 SELECT 语句。数据查询过程如图 4-1 所示,数据库用户在客户端编写 SELECT 语句,然后发送给 MySQL 服务器,MySQL 服务实例将 SELECT 语句进行解析、编译、执行。从数据表中查询满足条件的若干记录,将查询的结果集返回客户端。

图 4-1 数据查询过程

SELECT 语句使用非常灵活,功能丰富,语法格式为:

```
SELECT [ALL | DISTINCT] 字段列表 FROM  表名
[WHERE  条件表达式]
[GROUP BY 字段名]
[HAVING 条件表达式]
[ORDER BY 字段名 [ASC| DESC]
[LIMIT  [行号,]行数 ]
```

说明：

[　]：为子句中的可选项，可省略。

SELECT 子句：指定由查询返回的列。

FROM 子句：用于指定数据源，指定字段列表所在的表或视图。

WHERE 子句：用于指定记录的查询条件。

DISTINCT：去掉查询结果重复的记录。

GROUP BY 子句：用于对查询的数据进行分组。

HAVING 子句：通常与 GROUP BY 子句一起使用，用于查询分组后的数据二次筛选。

ORDER BY 子句：用于对查询结果的数据进行排序，ASC 升序，DESC 降序，默认为升序。

LIMIT 子句：用于显示查询结果集的记录数。

4.2 简单查询

简单查询主要是基于一张表的数据筛选和数据统计。

4.2.1 查询指定的字段

数据表中有多个字段，用户可根据需要选择表中一个字段或其中的几个字段输出。只在查询语句 SELECT 后面列出要查询的字段名即可，字段之间用"，"分隔。语法格式为：

```
SELECT  字段列表  FROM  表名;
```

 例 4.1　　查询学生信息表 student 中的学号、姓名，SQL 语句如下。

```
SELECT  学号,姓名 FROM  student;
```

如果要输出表中的全部字段，可改为"SELECT　*　FROM　student;"即打开表，"*"代表所有的字段，如图 4-2 所示。SELECT 子句除了跟字段名，还可以是表达式、字符串、函数等。

```
mysql> SELECT  * FROM  student;
```

学号	姓名	性别	出生日期	班级编号
01640401	浅浅	女	2001-05-06 00:00:00	01
01640402	猴子	男	2000-02-20 00:00:01	01
01640403	魔兽	男	2000-02-20 00:00:00	01
01640404	英雄	女	1998-03-18 00:00:00	02
01640405	火王	男	1992-04-01 00:00:00	03
01640406	马浅	女	2001-03-04 00:00:00	04
01640407	田七	男	2002-03-04 00:00:00	02

图 4-2　打开 student 表

例 4.2　　查询学生信息表 student 的学号、姓名、年龄，SQL 语句如下。

```
SELECT  学号,姓名,YEAR(NOW()) - YEAR(出生日期)  FROM  student;
```

SELECT 子句中的字段名或关于字段的计算表达式都会自动作为查询结果的列名，如果列名太长或不直观可以用别名对列进行重命名。例 4.2 的 SQL 语句可以改为：

```
SELECT  学号,姓名,YEAR(NOW()) - YEAR(出生日期)  AS  年龄  FROM  student;
```

使用 AS 关键字对查询结果中的列重命名，即为别名（AS 也可以省略）。运行结果如图 4-3所示。

```
mysql> SELECT  学号，姓名，YEAR(NOW()) - YEAR(出生日期)，
    -> YEAR(NOW()) - YEAR(出生日期) 年龄 FROM  student;
```

学号	姓名	YEAR(NOW()) - YEAR(出生日期)	年龄
01640401	浅浅	17	17
01640402	猴子	18	18
01640403	魔兽	18	18
01640404	英雄	20	20
01640405	火王	26	26
01640406	马浅	17	17
01640407	田七	16	16

图 4-3　字段重命名

例 4.3　　查询图书信息表 book 的折后价（优惠 25%），折后价＝单价 * 0.75，SQL 语句如下。

```
SELECT 图书名,单价* 0.75  折后价  FROM  book;
```

折后价是别名，不是数据表 book 的字段，是由 book 表中的单价字段计算后获得，其中省略了 AS 关键字。

4.2.2　条件查询

每次查询数据时不必返回表中的所有记录，可以只查询的表中部分记录。因此需要对查询的某个字段进行条件限制。例如，查询性别为"女"的学生信息，或查询年龄在 18 岁到 25 岁之间的学生信息等。其中的"女"就是对性别字段值的限制条件。为了限制 SELECT 语句检索出来的记录集，可使用 WHERE 子句，它给出选择记录的条件。可通过查找满足各种条件的字段值来选择记录。语法格式为：

```
SELECT  字段列表  FROM  表名  WHERE  条件表达式；
```

例 4.4　　查询课程信息表 course 中的学分少于 4 的课程信息。SQL 语句如下。

```
SELECT  *  FROM  course  WHERE  学分＜4；
```

在 WHERE 子句中的表达式常用的运算符有算术运算符、比较运算符和逻辑运算符。还可以使用圆括号将一个表达式分成几个部分。也可以使用常量函数来完成运算。常用的比较运算符如表 4-1 所示。

表 4-1　比较运算符

运　算　符	说　　明	运　算　符	说　　明
＜	小于	！＝或 ＜＞	不等于
＜＝	小于或等于	＞＝	大于或等于
＝	等于	＞	大于

例 4.5　　查询书店信息表 bookstore 中的"绿荷书店"的联系方式。SQL 语句如下。

```
SELECT  书店电话  FROM  bookstore  WHERE  书店名 ＝''绿荷书店''；
```

4.2.3　多条件查询

如果查询语句中有多个条件，可使用逻辑运算符连接。常用的逻辑运算符如表 4-2 所示。

表 4-2 逻辑运算符

运 算 符	说 明
NOT 或 ！	逻辑非
OR 或 ||	逻辑或
AND 或 &&	逻辑与

1. 带 AND 的多条件查询

　　AND 关键字可以用来连接多个查询条件。使用 AND 关键字时,只有同时满足所有查询条件的记录会被加入到结果集中。不满足这些查询条件中的任何一个,记录将被排除掉。语法格式为:

　　　　SELECT 字段列表 FROM 表名 WHERE 条件表达式 1 AND 条件表达式 2［…AND 条件表达式 N］;

　　WHERE 子句中可以同时使用多个 AND 关键字来连接多个条件表达式。

　　例 4.6　　在学生信息表 student 中查询"01"班的"女"生有哪些,SQL 语句如下,运行结果如图 4-4 所示。

　　　　SELECT 学号,姓名,出生日期　FROM　student
　　　　WHERE　班级编号='01'　AND　性别='女';

图 4-4　多条件 AND 查询

　　BETWEEN……AND 关键字:当多个条件表示的是一个取值范围时,可用 BETWEEN……AND 代替,该子句用于判断某个字段的值是否在指定的范围内。例如判断学生成绩是否属于良好,条件描述为"成绩≥80 AND 成绩≤90",等价于"成绩 BETWEEN 80 AND 90",如果字段的值在指定范围内,则满足查询条件,该记录将被加入到查询结果集中。如果不在指定范围内该记录不被查询。BETWEEN……AND 的语法格式为:

　　　　SELECT 字段列表 FROM 表名
　　　　WHERE 字段名［NOT］BETWEEN 值 1 AND 值 2;

　　其中:

　　NOT:可选参数,加上 NOT 表示不在指定范围内;

　　值 1:表示范围的起始值;

　　值 2:表示范围的终止值。

　　例 4.7　　在课程信息表 course 中查询学分在［2,4］范围内的课程信息。SQL 语句如下,运行结果如图 4-5 所示。

　　方法一:

　　　　SELECT　*　FROM　course　WHERE　学分≥2 AND 学分≤4;

　　方法二:

　　　　SELECT　*　FROM　course　WHERE　学分 BETWEEN 2 AND 4;

图 4-5　BETWEEN……AND 用法

2. 带 OR 的多条件查询

OR 关键字用来连接多个查询条件，但是与 AND 关键字不同，OR 关键字只要满足查询条件中的任何一个，那么此记录就会被加入到查询结果集中。如果不满足所有的查询条件，记录不被查询。语法格式为：

> SELECT　字段列表　FROM　表名　WHERE　条件表达式 1　OR　条件表达式 2［…OR 条件表达式 N］；

可以同时使用多个 OR 关键字连接多个条件表达式。

例 4.8　　在学生信息表 student 中查询"01"班、"03"班的学生详细信息，SQL 语句如下，运行结果如图 4-6 所示。

> SELECT　*　FROM　student
> WHERE　班级编号＝'01'　OR 班级编号＝'03'；

图 4-6　多条件 OR 查询

可用 IN 关键字代替多条件逻辑或 OR。用 IN 关键字可以判断字段的值是否在集合中，如果在则该记录被加入到查询结果集；否则该记录不被查询。语法格式为：

> SELECT　字段列表　FROM　表名　WHERE　字段名　［NOT］IN(值 1,值 2…值 N)；

其中：

NOT 是可选参数，加上 NOT 表示不在集合内满足条件；

值表示集合中的元素，各元素之间用逗号隔开，字符型元素需要加上单引号。

例 4.9　　用 IN 关键字查询学生信息表 student 中"01"班、"03"班的学生详细信息，SQL 语句如下。

> SELECT　*　FROM　student　WHERE　班级编号　IN('01','03')；

4.2.4　模糊查询

当条件值不确定，也就是说不能对字符串进行精确查询时，可以使用 LIKE 运算符与通配符实现模糊查询，LIKE 确定给定的字符串是否与给定的模式匹配。MySQL 中常用的通配符有两种："％"和下划线"_"。

"％"可以匹配一个或多个字符,可以代表任意长度的字符串,长度可以为 0。例如,"明％技"表示以"明"开头、以"技"结尾的任意长度的字符串。该字符串可以代表"明日科技""明日编程科技""明日图书科技"等字符串。

"_"只匹配一个字符。例如,M_N 表示以 M 开头、以 N 结尾的 3 个字符。中间的"_"可以代表任意一个字符。语法格式为:

```
字段名［NOT］ LIKE  模式;
```

例 4.10　查询课程信息表中课程名称包含"数据库"字符的课程名称和学分。SQL 语句如下。

```
SELECT 课程名称,学分 FROM  课程信息 WHERE 课程名称 LIKE  '% 数据库% ';
```

例 4.11　查询学生信息表中姓名的第二字是"浅"的学生信息。SQL 语句如下,运行结果如图 4-7 所示。

```
SELECT  *   FROM  student  WHERE 姓名 LIKE  '_浅% ';
```

图 4-7　LIKE 查询

4.2.5　空值查询

IS NULL 关键字可以用来判断字段的值是否为空值 NULL(IS NOT NULL 恰恰相反)。如果字段的值是空值,则满足查询条件,该记录将被查询出来。如果字段的值不是空值,则不满足查询条件。其语法格式为:

```
表达式  IS［NOT］ NULL;
```

例 4.12　查询学生选课表中成绩为空的信息。SQL 语句如下。

```
SELECT 学号,课程号,成绩 FROM choose WHERE 成绩 IS NULL;
```

这里的"成绩 IS NULL"不能写成"成绩＝NULL",因为 NULL 是一个不确定的数,不能使用比较运算符"＝""! ＝"进行比较。结果如图 4-8 所示。

图 4-8　空值查询

4.2.6　查询结果排序

SELECT 语句的查询结果集的排序由数据库系统动态确定,往往是无序的,ORDER BY 子句用于对查询结果集排序。结果集中的记录按照一个或多个字段的值进行排序,排序的方向可以是升序(ASC)或降序(DESC),默认为升序。ORDER BY 子句的语法格式为:

```
ORDER BY  字段名 1 ［ASC|DESC］ ［…,字段名 N ［ASC|DESC］ ];
```

ORDER BY 子句对查询的结果进行升序(ASC)和降序(DESC)排列,不改变数据的存储位置。在默认情况下,ORDER BY 按升序输出结果。如果要按降序排列可以使用 DESC。对含有 NULL 值的字段进行排序时,如果是按升序排列,NULL 值将出现在最前面,如果是按降序排列,NULL 值将出现在最后。

例 4.13 查询学生选课表 choose 选修"1"号课程的成绩,并按成绩降序排列,如果成绩相同则按学号排序。SQL 语句如下,运行结果如图 4-9 所示。

```
SELECT  学号,课程号,成绩  FROM  choose
WHERE   课程号='1'
ORDER BY 成绩  DESC,学号;
```

图 4-9　查询结果排序

ORDER BY 子句中的排序字段名可以是数据表的字段,还可以是查询结果中的字段。换句话说,也就是查询语句 SELECT 后的任何一个字段。

例 4.14 查询学生信息表 student 的学生的详细信息,按年龄升序排列。SQL 语句如下,运行结果如图 4-10 所示。

```
SELECT 学号,姓名,性别,YEAR(NOW())-YEAR(出生日期) 年龄,班级编号 FROM  student
ORDER BY  年龄;
```

图 4-10　按查询结果中的字段排序

4.2.7　LIMIT 子句

查询表中的前几条或者中间某几条记录,可以使用谓词关键字 LIMIT 实现。语法格式为:

```
SELECT 字段列表
FROM 数据源
LIMIT [start,]length;
```

start 表示从第几行记录开始检索,length 表示检索记录的行数。数据表中第一行记录的 start 值为 0。当查询结果集从第一行开始输出,start 可以省略。

例 4.15 查询学生选课表中选修"1"号课程的前三名的成绩,SQL 语句如下。

```
SELECT  学号,课程号,成绩  FROM  choose
WHERE  课程号＝'1'
ORDER BY 成绩  DESC,学号
LIMIT 3;
```

4.2.8 去除重复行

用 DISTINCT 关键字可以去除查询结果中的重复记录,语法格式为:

```
SELECT  DISTINCT  字段名 FROM  表名;
```

例 4.16 查询选了课的学生学号,如图 4-11 所示。

图 4-11 去除重复行

4.3 聚合函数与 GROUP BY 子句

聚合函数用于对一组值进行计算并返回一个汇总值,例如使用聚合函数可以统计学生信息表中的总人数、某门课程成绩的最高分或最低分,计算学生的总成绩或平均分等。常用的聚合函数如表 4-3 所示。

表 4-3 MySQL 聚合函数

函　　数	作　　用
COUNT(字段名)	返回某字段的总行数或表的总行数
MAX(字段名)	返回某字段的最大值
MIN(字段名)	返回某字段的最小值
AVG(字段名)	返回某字段的平均值
SUM(字段名)	返回某字段值的和

4.3.1 COUNT()函数

COUNT()函数,返回所选择集合中非 NULL 值的行的数目,根据表中的某个字段统计总行数。统计结果如果和表的总记录数相等,那么 COUNT()函数中的参数可以用"＊"代替,如 COUNT(＊),统计时包含 NULL 值的行。COUNT(＊)是经过内部优化的,能够快速返回表中所有的记录总数。

例 4.17 查询学生信息表 student 中学生总人数。SQL 语句如下,运行结果如图 4-12所示。

```
SELECT COUNT(学号)  AS 总人数  FROM  student;
```

或者：

```
SELECT COUNT(*)  总人数  FROM  student;
```

图 4-12　统计 student 表的学生人数

4.3.2　MAX()函数与 MIN()函数

MAX()函数用于统计数据表中某个字段值的最大值。MIN()函数可以求出表中某个字段值的最小值。

例 4.18　查询学生选课表中的"1"号课程成绩的最高分和最低分。SQL 语句如下：

```
SELECT  MAX(成绩),MIN(成绩)  FROM  choose WHERE 课程号＝'1';
```

4.3.3　SUM()函数与 AVG()函数

SUM()函数可以求出表中某个字段取值的总和。AVG()函数可以求出表中某个字段取值的平均值。这两个函数的参数都要求字段的数据类型是数值型。

例 4.19　查询订单表 dingdan 中总的下单数量和平均下单数量。SQL 语句如下：

```
SELECT  SUM(下单数量),AVG(下单数量) FROM  dingdan;
```

例 4.20　查询订单表 dingdan 中"2"号买家的总的下单数量和平均下单数量。SQL 语句如下：

```
SELECT  买家 ID,SUM(下单数量),AVG(下单数量)
FROM  dingdan WHERE 买家 ID＝'buyer2';
```

如果要查询订单表中每位买家的总的下单数量,假设数据库中有 10000 个买家,是否要执行 10000 条查询语句? 当然不是,如果先按照买家 ID 把数据分组后再统计就方便很多。

4.3.4　分组查询 GROUP BY 子句

GROUP BY 子句将查询的数据按照某个字段(或多个字段)进行分组(字段值相同的记录作为一个分组),通过 GROUP BY 子句可以将数据划分到不同的组中,再统计每一组内的数据,实现对记录的分组查询。在查询时,所查询的字段必须包含在分组的字段中,目的是使查询到的数据没有矛盾。语法格式为：

```
SELECT  字段列表  FROM  表名
GROUP BY 字段列表;
```

班级编号	COUNT(*)
01	3
02	2
03	1
04	1

图 4-13　统计各班人数

例 4.21　将学生信息表 student 按照"班级编号"分组,统计各班级的学生人数。SQL 语句如下,运行结果如图 4-13 所示。

```
SELECT 班级编号,COUNT(*)  FROM  student GROUP BY  班级编号;
```

例 4.22 查询订单表 dingdan 中每位买家的总的下单数量和平均下单数量。SQL 语句如下。

```
SELECT  买家 ID,SUM(下单数量),AVG(下单数量)
FROM  dingdan
GROUP BY 买家 ID;
```

例 4.23 统计每个学生选修了多少门课程,以及该学生所获得的总成绩和平均成绩。SQL 语句如下,运行结果如图 4-14 所示,将查询结果列重命名,如图 4-15 所示。

```
SELECT  学号,COUNT(课程号),SUM(成绩),AVG(成绩)
FROM  choose  GROUP BY 学号;
SELECT  学号,COUNT(课程号) 课程门数,SUM(成绩) 总成绩,
AVG(成绩) 平均成绩  FROM  choose
GROUP BY 学号;
```

```
mysql> SELECT  学号,COUNT(课程号),SUM(成绩),AVG(成绩)
    -> FROM  choose GROUP BY 学号 ;
+----------+--------------+------------+------------+
| 学号     | COUNT(课程号) | SUM(成绩)  | AVG(成绩)  |
+----------+--------------+------------+------------+
| 01640401 |            3 |        150 |    50.0000 |
| 01640402 |            1 |         70 |    70.0000 |
| 01640403 |            2 |        170 |    85.0000 |
| 01640404 |            1 |       NULL |       NULL |
| 01640405 |            1 |       NULL |       NULL |
+----------+--------------+------------+------------+
```

图 4-14 聚合函数与分组

```
mysql> SELECT  学号,COUNT(课程号)  课程门数,SUM(成绩)  总成绩,
    -> AVG(成绩)  平均成绩  FROM  choose GROUP BY 学号 ;
+----------+----------+----------+----------+
| 学号     | 课程门数 | 总成绩   | 平均成绩 |
+----------+----------+----------+----------+
| 01640401 |        3 |      150 |  50.0000 |
| 01640402 |        1 |       70 |  70.0000 |
| 01640403 |        2 |      170 |  85.0000 |
| 01640404 |        1 |     NULL |     NULL |
| 01640405 |        1 |     NULL |     NULL |
+----------+----------+----------+----------+
```

图 4-15 查询结果列重命名

4.3.5 HAVING 子句

HAVING 子句用于设置分组或聚合函数的过滤筛选条件,HAVING 子句通常与 GROUP BY 子句一起使用。HAVING 子句语法格式与 WHERE 子句语法格式类似。HAVING 子句语法格式为:

```
SELECT  字段列表  FROM  表名
GROUP BY 字段名
HAVING 条件表达式;
```

其中条件表达式是一个逻辑表达式,用于指定分组后的筛选条件。

例 4.24 统计选课门数超过 2 门的学号和课程门数,SQL 语句如下,运行结果如图 4-16 所示。

```
SELECT  学号,COUNT(课程号) FROM  choose
GROUP BY 学号  HAVING COUNT(课程号)>2;
```

```
mysql> SELECT  学号,COUNT(课程号) FROM choose
    -> GROUP BY 学号  HAVING COUNT(课程号)>2;
+----------+---------------+
| 学号     | COUNT(课程号) |
+----------+---------------+
| 01640401 |             3 |
```

图 4-16 HAVING 子句

 ## *4.4* 多表连接查询

数据库设计时为了避免数据冗余,将大量数据分成若干数据表存放,表与表之间的数据关联性通过设置外键实现。在检索数据时需要对多张表的数据进行筛选,筛选出满足用户要求的数据。查询时在查询语句中的 FROM 子句指定多个数据源,表连接的语法格式为:

SELECT 字段列表
FROM 表名 1 ［ 连接类型 ］ JOIN 表名 2 ON 表 1 和表 2 之间的连接条件;

说明:

连接类型:主要有 INNER 连接(内连接)和 OUTER 连接(外连接),而外连接又分为 LEFT JOIN(左外连接,简称为左连接)、RIGHT JOIN(右外连接,简称为右连接)以及 FULL(完全外连接)。

ON:表与表之间的连接条件,表 1 中的字段值和表 2 中的字段值进行比较,条件为真,两张表中的记录连接。

4.4.1 全连接

表与表之间的连接没有任何条件筛选,连接后的结果集包含连接表的全部数据,结果集中的字段数是连接表字段数总和,记录数是连接表记录数的乘积。例如,班级信息表(有 7 条记录数据)全连接学生信息表(有 7 条记录数据),连接后的结果集有 49 条记录数据。连接学生信息表和班级信息表的 SQL 语句为"SELECT student. * ,classes. * FROM classes JOIN student";连接结果集如图 4-17 所示。FROM 子句产生的是一个中间结果,表中的每条记录都是与其他表中记录交叉产生的所有可能的组合,也就是笛卡儿积。

student				classes	
学号	姓名	班级编号		班级编号	班级名称
1001	宝宝	01		01	计科
1002	浅浅	02		02	网工

student JOIN classes				
学号	姓名	班级编号	班级编号	班级名称
1001	宝宝	01	01	计科
1002	浅浅	02	01	计科
1001	宝宝	01	02	网工
1002	浅浅	02	02	网工

图 4-17 全连接结果集

4.4.2 内连接(INNER JOIN)

全连接后的结果集存在很多无效数据,严重影响数据检索性能。如果按照某种条件筛选连接表时,结果集中都是满足要求的记录,这种表连接的方式是内连接。内连接后的结果集中记录数据会少很多,可以缩短检索数据的响应时间,提高查询效率。内连接查询使用比较运算符将不同表中的数据根据要求进行比较操作,并列出这些表中与连接条件相匹配的数据行,组成新的记录。因此,在内连接查询中,只有满足条件的记录才能出现在结果集中。语法格式为:

```
SELECT 字段列表
FROM 表名1 ［INNER］ JOIN 表名2 ON 表1和表2之间的连接条件；
```

其中 INNER 关键字可以省略,只需指定 ON 的条件。

例 4.25 基于图书销售管理数据库,查询 4 号订单买家的详细信息。SQL 语句如下,运行结果如图 4-18 所示。

```
SELECT buyer.*  FROM dingdan JOIN buyer
ON dingdan.买家 ID＝buyer.买家 ID
WHERE 订单 ID＝4；
```

买家ID	姓名	性别	家庭住址	联系电话
buyer4	孙丹	女	武生院东八102	18295621876

图 4-18　查询买家信息

例 4.26 基于学生选课数据库,查询学生的详细信息。SQL 语句如下,运行结果如图 4-19 所示。

```
SELECT 学号,姓名,student.班级编号,班级名称
FROM student  JOIN  classes
ON student.班级编号＝classes.班级编号；
```

```
mysql> SELECT 学号,姓名,student.班级编号,班级名称
    -> FROM student  JOIN  classes
    -> ON student.班级编号=classes.班级编号;
```

学号	姓名	班级编号	班级名称
01640401	浅浅	01	19计算机科学与技术1班
01640402	猴子	01	19计算机科学与技术1班
01640403	魔兽	01	19计算机科学与技术1班
01640404	英雄	02	19计算机科学与技术2班
01640405	火王	03	19计算机科学与技术3班
01640406	马浅	04	19信息管理1班
01640407	田七	02	19计算机科学与技术2班

图 4-19　查询学生信息

两张数据表连接时如果存在相同的字段名,在使用该字段时需要指出具体的表名,即表名.字段名,例如“student.班级编号”。SELECT 查询语句中所有的子句仍然适用于表的连接查询,只是在 FROM 子句后多了数据源。

例 4.27 基于学生选课数据库,查询班级人数少于 2 人的班级信息。SQL 语句如下,运行结果如图 4-20 所示。

```
SELECT COUNT(学号),班级名称
FROM student  JOIN  classes
ON student.班级编号＝classes.班级编号
GROUP BY student.班级编号
HAVING COUNT(学号)＜2；
```

```
mysql> SELECT COUNT(学号),班级名称 FROM student  JOIN  classes
    -> ON student .班级编号=classes.班级编号
    -> GROUP BY student .班级编号  HAVING COUNT(学号)<2;
+-------------+------------------+
| COUNT(学号) | 班级名称         |
+-------------+------------------+
|           1 | 19计算机科学与技术3班 |
|           1 | 19信息管理1班     |
+-------------+------------------+
```

图 4-20   班级人数少于 2 人的班级名称和人数

例 4.28　基于学生选课数据库,查询每个学生的选课门数,SQL 语句如下,运行结果如图 4-21 所示。

```
SELECT student.学号,姓名,COUNT(课程号) 选课门数
FROM student  JOIN  choose
ON student.学号＝choose.学号
GROUP BY  student.学号;
```

```
mysql> SELECT student.学号,姓名,COUNT(课程号) 选课门数
    -> FROM  student  JOIN choose
    -> ON student.学号=choose.学号
    -> GROUP BY student.学号;
+----------+--------+----------+
| 学号     | 姓名   | 选课门数 |
+----------+--------+----------+
| 01640401 | 浅浅   |        3 |
| 01640402 | 猴子   |        1 |
| 01640403 | 魔兽   |        2 |
| 01640404 | 英雄   |        1 |
| 01640405 | 火王   |        1 |
+----------+--------+----------+
```

图 4-21   查询学生的选课门数

4.4.3   外连接(OUTER JOIN)

外连接又分为左连接(LEFT JOIN)、右连接(RIGHT JOIN)和完全连接(FULL JOIN)。与内连接不同,外连接(左连接或右连接)的连接条件只筛选一张表的数据,对另一张表不进行筛选(该表的所有记录出现在结果集中)。

1. 左连接

语法格式为:

```
SELECT 字段列表
FROM  表1  LEFT  JOIN 表2  ON  表1和表2之间的连接条件;
```

表 1 左连接表 2,查询结果集中须包含表 1 的全部记录,然后表 1 按指定的连接条件与表 2 进行连接,若表 2 中没有满足连接条件的记录,则结果集中表 2 相应的字段填入 NULL。

例 4.29　将例 4.28 中的连接改为左连接查询每个学生的选课门数,SQL 语句如下,运行结果如图 4-22 所示。

```
SELECT student.学号,姓名,COUNT(课程号) 选课门数
FROM student LEFT JOIN choose
ON student.学号＝choose.学号
GROUP BY  student.学号;
```

学号	姓名	选课门数
01640401	浅浅	3
01640402	猴子	1
01640403	魔兽	2
01640404	英雄	1
01640405	火王	1
01640406	马浅	0
01640407	田七	0

图 4-22　统计每个学生的选课门数

2. 右连接

语法格式为：

```
SELECT 字段列表
FROM 表1 RIGHT JOIN 表2 ON 表1和表2之间的连接条件;
```

表 1 右连接表 2,意味着查询结果集中须包含表 2 的全部记录,然后表 2 按指定的连接条件与表 1 进行连接,若表 1 中没有满足连接条件的记录,则结果集中表 1 相应的字段填入NULL。

例 4.30　基于学生信息表 student 和班级信息表 classes 查询每个班级的男生人数,即使班级没有学生也要输出该班级信息。SQL 语句如下,运行结果如图 4-23 所示。

```
SELECT 班级名称,性别,COUNT(学号),人数 FROM student RIGHT JOIN  classes
ON student.班级编号=classes.班级编号
AND  性别='男'
GROUP BY 班级名称;
```

图 4-23　右连接统计每个班级的男生人数

3. 表的自身连接

两张表连接时如果表名相同称为表自身连接,语法格式为：

```
SELECT 字段列表
FROM 表1 a JOIN 表1 b ON a和b之间的连接条件;
```

a 与 b 是表 1 的重命名,连接时相当于表 1 被使用两次。

例 4.31　查询学生信息表 student 的出生日期小于"马浅"出生日期的学生学号、姓名、出生日期。SQL 语句如下,运行结果如图 4-24 所示。

```
SELECT a.学号,a.姓名,a.出生日期,b.姓名,b.出生日期
FROM student  a  JOIN student  b
ON a.出生日期<b.出生日期
WHERE b.姓名='马浅';
```

```
mysql> SELECT a.学号,a.姓名,a.出生日期,b.姓名,b.出生日期
    -> FROM student  a  JOIN student  b
    -> ON a.出生日期<b.出生日期 WHERE b.姓名='马浅';
+----------+--------+---------------------+--------+---------------------+
| 学号     | 姓名   | 出生日期            | 姓名   | 出生日期            |
+----------+--------+---------------------+--------+---------------------+
| 01640402 | 猴子   | 2000-02-20 00:00:01 | 马浅   | 2001-03-04 00:00:00 |
| 01640403 | 魔兽   | 2000-02-20 00:00:00 | 马浅   | 2001-03-04 00:00:00 |
| 01640404 | 英雄   | 1998-03-18 00:00:00 | 马浅   | 2001-03-04 00:00:00 |
| 01640405 | 火王   | 1992-04-01 00:00:00 | 马浅   | 2001-03-04 00:00:00 |
+----------+--------+---------------------+--------+---------------------+
```

图 4-24　表自身连接查询

4.5　嵌套查询

将一个查询语句块嵌套在另一个查询语句块的条件子句中的查询称为嵌套查询,又称子查询。子查询不仅嵌套在 SELECT 语句中,还可以嵌套在 UPDATE 语句、INSERT 语句、DELETE 语句中。包含有子查询的 SELECT 语句称为主查询。为了标记子查询与主查询之间的关系,通常子查询必须写在小括号()里。子查询可以包含查询语句中的所有子句,嵌套在主查询 SELECT 语句中的 WHERE 子句或者 HAVING 子句中。也就是主查询数据表中的字段值和子查询的结果进行条件比较,条件成立则主查询表中的记录加入结果集。本节主要介绍将子查询嵌套在主查询的 WHERE 子句中。

4.5.1　比较运算符子查询

如果子查询结果返回的是一个单值,则可使用比较运算符和主查询连接,语法格式为:

```
SELECT  字段列表 FROM  表1  WHERE  表1中字段名 >=( SELECT  表2中字段
FROM 表2
WHERE  条件表达式);
```

其中">="可以是比较运算符中任何一种,如">""<""<=""=""! =""! <""! >""< >"等。

例 4.32　查询图书销售管理数据库中买家"彭万里"购买的图书总数量。SQL 语句如下,运行结果如图 4-25 所示。

```
SELECT  SUM(下单数量)  FROM  dingdan
WHERE 买家 ID=(SELECT 买家 ID
FROM  buyer
WHERE 姓名='彭万里');
```

```
mysql> SELECT SUM(下单数量) FROM dingdan  WHERE 买家ID=
    -> (SELECT 买家ID FROM buyer WHERE 姓名='彭万里');
+------------------+
| SUM(下单数量)    |
+------------------+
|                5 |
+------------------+
```

图 4-25　比较运算符子查询

例 4.33　查询"19 信息管理 1 班"的学生信息,可以分步查询:

步骤 1:在班级信息表 classes 中查询"19 信息管理 1 班"的班级编号。

```
SELECT  班级编号  FROM  classes
WHERE  班级名称＝'19信息管理1班';
```

步骤 2:在学生信息表 student 中查询对应的班级编号的学生信息"。

```
SELECT  *  FROM  student WHERE 班级编号='04';
```

步骤 3:嵌套两个查询。班级编号"04"是查询中的中间结果,可以用 SELECT 语句代替。运行结果如图 4-26 所示。

```
SELECT  *  FROM  student
WHERE 班级编号＝(SELECT  班级编号
                FROM  classes
                WHERE  班级名称＝'19信息管理1班';)
```

图 4-26　比较运算符子查询

4.5.2　IN 运算符子查询

当子查询的结果是多个值时(一个列表),与主查询连接时只能用 IN 运算符。IN 运算符用于主查询表中的字段值或字段表达式的值与子查询结果的一列值进行比较,如果字段值或字段表达式的值是此列中的任何一个值,则条件表达式的结果为 TRUE,否则为 FALSE。语法格式为:

```
SELECT  字段列表
FROM  表1  WHERE  表1  中字段名 [NOT] IN( SELECT  表2中字段
FROM 表2
WHERE  条件表达式);
```

其中,[NOT]表示为否定,判断字段值或字段表达式的值不在子查询结果列表中,可省略。

例 4.34　基于课程信息表 course 和学生选课表 choose 查询学号为"01640403"的学生选修了哪些课程。SQL 语句如下,运行结果如图 4-27 所示。

```
SELECT * FROM course
WHERE  课程号 IN(SELECT 课程号
            FROM choose
            WHERE 学号＝'01640403');
```

图 4-27　IN 子查询

在学生选课数据库中,每个学生不止选修一门课,所以子查询的结果是一个列表,嵌套在主查询中用 IN 运算符。

一个查询语句中可以嵌套多个子查询。例如,在例 4.34 中如果给定的查询条件是按照学生姓名查询而不是学号,则 SQL 语句可以改为:

```
SELECT *  FROM course
WHERE  课程号 IN(SELECT 课程号
FROM choose
WHERE 学号＝(SELECT 学号
FROM student
WHERE 姓名＝'魔兽'));
```

运行结果如图 4-28 所示。

图 4-28　多个子查询

4.5.3　EXISTS 运算符子查询

EXISTS 逻辑运算符用于检测子查询的结果集是否包含有记录,如果结果集中至少包含一条记录,则 EXISTS 的结果为 TRUE;否则为 FALSE。在 EXISTS 前面加上 NOT 时,与上述结果恰恰相反。使用 EXISTS 运算符时,子查询不返回查询结果,而是返回一个真假值。当返回的值为 TRUE 时,主查询语句将进行查询;当返回的为 FALSE 时,主查询语句不进行查询或者查询不出任何记录。语法格式为:

```
SELECT  *
FROM  表 1
WHERE  NOT  EXISTS  (SELECT  *
FROM  表 2
WHERE 条件表达式);
```

例 4.35 查询没有被任何学生选修的课程信息。SQL 语句如下。

```
SELECT  *
FROM course
WHERE  NOT  EXISTS  (SELECT *
FROM choose
WHERE choose.课程号 = course.课程号);
```

4.5.4　ANY、ALL 运算符子查询

ANY、ALL 运算符通常与比较运算符一起使用。带 ANY 运算符时,主查询某个字段值或字段表达式的值与子查询返回的一列值逐一进行比较,若某次的比较结果为 TRUE,则

整个表达式的值为 TRUE;否则为 FALSE。带 ALL 运算符时,主查询某个字段值或字段表达式的值与子查询返回的一列值逐一进行比较,若每次的比较结果都为 TRUE,则整个表达式的值为 TRUE;否则为 FALSE。ANY 或 ALL 与比较运算符连用的语义如表 4-4 所示。

表 4-4　ANY、ALL 与比较运算符连用的语义

运　算　符	语　义	运　算　符	语　义
＞ANY	大于子查询结果中的某个值	＞ALL	大于子查询结果中的所有值
＞＝ANY	大于等于子查询结果中的某个值	＞＝ALL	大于等于子查询结果中的所有值
＜ANY	小于子查询结果中的某个值	＜ALL	小于子查询结果中的所有值
＜＝ANY	小于等于子查询结果中的某个值	＜＝ALL	小于等于子查询结果中的所有值
＝ANY	等于子查询结果中的某个值	＝ALL	等于子查询结果中的所有值
！＝ANY	不等于子查询结果中的某个值	！＝ALL	不等于子查询结果中的所有值

语法格式为(以＞＝ALL 为例):

```
SELECT  字段列表
FROM  表 1  WHERE  表 1 中字段或表达式 ＞＝ALL( SELECT  表 2 中字段
FROM 表 2
[WHERE  条件表达式]);
```

例 4.36　使用"＞＝ALL"的子查询查询图书信息表 book 中单价最贵的图书信息。SQL 语句如下。

```
SELECT  *  FROM  book
WHERE  单价 ＞＝ALL(SELECT 单价
FROM  book);
```

例 4.37　查询 TBL1 表的 NUM1 字段值大于 TBL2 表中的 NUM2 字段值的任何 1 个值的 NUM1 字段值,SQL 语句如下。

创建表 TBL1 和 TBL2:

```
CREATE TABLE TBL1( NUM1 INT NOT NULL);
CREATE TABLE TBL2( NUM2 INT NOT NULL);
```

向表 TBL1 和 TBL2 插入数据:

```
INSERT INTO TBL1 VALUES(1),(5),(13),(27);
INSERT INTO TBL2 VALUES(6),(13),(11),(20);
```

查询:

```
SELECT NUM1 FROM TBL1 WHERE NUM1 > ANY(SELECT NUM2 FROM TBL2);
```

其结果为:

```
+------+
| NUM1 |
+------+
|  13  |
|  27  |
+------+
```

在子查询中,返回 TBL2 表的所有 NUM2 字段值是(6,13,11,20),然后将 TBL1 中的 NUM1 字段的每一个值与之进行比较,只要大于 NUM2 的任意一个数即为符合条件,将其加入查询结果集中。

4.6 数据查询与数据更新

子查询不仅可以嵌套在 SELECT 语句中,还可以嵌套在 UPDATE 语句、INSERT 语句、DELETE 语句中。

4.6.1 数据查询与数据插入

数据插入 INSERT 语句中使用 SELECT 语句,可以将数据表的查询结果添加到目标表中,语法格式为:

```
INSERT  INTO  目标表名[(字段列表1)]  SELECT  字段列表2
                        FROM  数据源
                        [WHERE  条件表达式];
```

说明:

字段列表1与字段列表2的字段个数必须相同,对应字段的数据类型保持一致,字段列表1如果省略则字段列表2必须和目标表的结构一致。

SELECT 查询语句可以包含所有的查询子句,如 GROUP BY、HAVING 子句等。

数据源可以是多张数据表,WHERE 子句可省略。

例 4.38 复制 student 表结构为学生表,将 student 表中"女"生的学生信息添加到学生表中。SQL 语句如下。

复制表结构:

```
CREATE  TABEL 学生  LIKE student;
```

插入数据:

```
INSERT  INTO  学生  SELECT 学号,姓名,性别,出生日期,班级编号
                        FROM  student
                        WHERE  性别 = '女';
```

打开学生表,观察数据:

```
SELECT *  FROM  学生;
```

4.6.2 数据查询与数据修改

数据修改语句"UPDATE 表 SET 字段名=值 WHERE 条件表达式"中的 SET 子句值可用查询结果代替(查询结果必须是单值),WHERE 子句可用嵌套子查询,语法格式为:

```
UPDATE 目标表名
SET  字段名=(SELECT  字段名或表达式
                FROM  数据源
                WHERE  条件表达式)
WHERE  目标表中的字段名 运算符(SELECT  字段名或表达式
                FROM 数据源
                WHERE  条件表达式);
```

其中的运算符可以是比较运算符、IN 运算符。

例 4.39 学生"英雄"想转班级,从"19 计算机科学与技术 2 班"转到"19 机电 1 班"。SQL 语句如下。

```
UPDATE  student
SET  班级编号=(SELECT  班级编号
                FROM  classes
                WHERE 班级名称 = '19机电 1 班')
WHERE  班级编号=(SELECT  班级编号
                FROM classes
                WHERE 班级名称 = '19计算机科学与技术 2 班');
```

4.6.3 数据查询与数据删除

数据删除语句"DELETE FROM 表 WHERE 条件表达式"中的 WHERE 子句可用嵌套子查询,语法结构为:

```
DELETE FROM 表名
WHERE 字段名 运算符(SELECT 字段名或表达式
                FROM 数据源
                WHERE 条件表达式);
```

例 4.40 删除学生"英雄"选修"C++"课程的记录,SQL 语句如下。

```
DELETE FROM choose
WHERE 学号=(SELECT 学号 FROM student WHERE 姓名='英雄')
    AND 课程号=(SELECT 课程号 FROM course WHERE 课程名称='C++');
```

4.7 合并查询结果

合并查询结果是将多个 SELECT 语句的查询结果合并到一起。因为某种情况下,需要将几个 SELECT 语句查询出来的结果合并起来显示,但要求每个查询结果的结构是一致的。合并查询结果使用 UNION 和 UNION ALL 关键字。UNION 关键字是将所有的查询结果合并到一起,然后去除相同记录;而 UNION ALL 关键字则只是简单地将结果合并到一起,语法格式为:

```
SELECT COLUMN,…FROM TABLE1
UNION[ALL]
SELECT COLUMN,…FROM TABLE2;
```

例 4.41 例 4.37 中 TBL1 表的 NUM1 字段值小于 8 的查询结果与 TBL2 表的 NUM2 字段值小于 8 的结果合并,UNION 连接 SQL 语句如下。

```
SELECT NUM1 FROM TBL1 WHERE NUM1<8
UNION
SELECT NUM2 FROM TBL2 WHERE NUM2<8);
```

例 4.42 查询课程信息表 course 课程号为"1"或"2"的课程信息,UNION 连接 SQL 语句如下,运行结果如图 4-29 所示。

```
SELECT * FROM course WHERE course_no=1
UNION
SELECT * FROM course WHERE course_no=2;
```

```
mysql> SELECT * FROM course WHERE course_no=1
    -> UNION
    -> SELECT * FROM course WHERE course_no=2;
+-----------+------------------+----------+-------+
| course_no | course_name      | up_limit | crade |
+-----------+------------------+----------+-------+
|         1 | Java语言程序设计  |       60 |     3 |
|         2 | MySQL数据库       |      150 |     2 |
+-----------+------------------+----------+-------+
2 rows in set (0.00 sec)
```

图 4-29 出现结果合并

习　题

1.查询 tb_book 表中 books 字段和 row 字段的记录,查询语句是(　　　)。

A. SELECT books,row FROM tb_book;

B. SELECT * FROM tb_book;

C. SELECT tb_book FROM books,row;

D. SELECT * FROM tb_book books,row;

2.查询 tb_book 表中 books 字段中包含"PHP"字符的记录,查询语句是(　　　)。

A. SELECT * FROM tb_book WHERE books LIKE '%PHP%';

B. SELECT books FROM tb_book WHERE LIKE '%PHP%';

C. SELECT * FROM books WHERE '%PHP%';

D. SELECT books FROM tb_book WHERE '%PHP%';

3.对 tb_book 表中的数据,按 ID 序号进行升序排列,查询语句是(　　　)。

A. SELECT * FROM tb_book ORDER BY ID ASC;

B. SELECT ID FROM tb_book ORDER BY ASC;

C. SELECT ID FROM tb_book ORDER BY DESC;

D. SELECT * FROM tb_book ORDER BY ID DESC;

4.查询 tb_book 表中前 2 条记录,并按 ID 序号进行升序排列,查询语句是(　　　)。

A. SELECT * FROM tb_book ORDER BY ID DESC LIMIT 2;

B. SELECT * FROM tb_book ORDER BY ID ASC LIMIT 2;

C. SELECT ID FROM tb_book ORDER BY ID DESC 2;

D. SELECT ID FROM tb_book ORDER BY ID ASC 2;

5.查询 TB_001 数据表中 ID=1 的记录,语法格式是(　　　)。

A. SELECT * INTO TB_001 WHERE ID=1;

B. SELECT * WHERE TB_001 WHERE ID=1;

C. SELECT * DELETE TB_001 WHERE ID=1;

D. SELECT * FROM TB_001 WHERE ID=1;

6.查询 TB_001 数据表中的所有数据,并降序排列,语法格式是(　　　)。

A. SELECT * FROM TB_001 GROUP BY ID DESC;

B. SELECT * FROM TB_001 ORDER BY ID ASC;

C. SELECT * FROM TB_001 ORDER BY ID DESC;

D. SELECT * FROM TB_001 ID ORDER BY DESC;

7.什么是内连接、外连接?

8.怎样理解 HAVING 子句与 WHERE 子句之间的区别?

9.MySQL 如何使用 LIKE 关键字实现模糊查询?

10.什么是子查询?

第 ⑤ 章　索引及视图

　　索引和视图都是数据库对象,而索引是一种特殊类型的数据库对象,它保存着数据表中一字段或几字段组合的排序结构。为数据表增加索引,可以提高数据的检索效率。视图使得数据查询更加便捷、安全。本章首先讲解索引的基本概念、使用索引的意义、创建索引的方法以及视图的基本概念、视图的管理及使用。通过对本章的学习,让读者了解索引可以优化数据库系统的性能、掌握视图可以简化数据查询的操作。

本章要点
◇　索引
◇　视图

5.1　索引

　　创建数据表时,初学者通常只关注该表有哪些字段、字段的数据类型及约束条件等信息,数据库表中另一个重要的概念"索引"很容易被忽视。

5.1.1　理解索引

　　索引是一种特殊的文件(INNODB 数据表上的索引是表空间的一个组成部分),它们包含着对数据表里所有记录的引用指针。索引在数据库中的作用与目录在书籍中的作用类似,都是用来提高查找信息的速度。试想从一本书中查找需要的内容,可以从第一页开始,一页一页地去顺序查找;也可以利用书中的目录来快速查找,书中的目录是一个词语字段表,其中注明了包含各个词的页码。查找内容时,先在目录中找到相关的页码,然后按照页码找到内容。两者相比,利用目录查找内容要比一页一页地查找速度快很多。那么在数据库中查找数据时,也存在两种方法:一种是全表扫描,即查找所需要的数据要从表的第一条记录开始扫描,一直到表的最后一条记录;另一种是使用索引,索引是一个表中所包含值的字段表,其中注明了表中包含各个值的行所在的存储位置,使用索引查找数据时,先从索引对象中获得相关字段的存储位置,然后再直接去其存储位置查找所需信息,这样就无须对整个表进行扫描,从而可以快速找到所需数据。

5.1.2　索引代价

　　索引不是万能的,索引可以加快数据检索操作,但会使数据修改操作变慢。每修改数据记录,索引就必须刷新一次。为了在某种程度上弥补这一缺陷,许多 SQL 命令都有一个 DELAY_KEY_WRITE 项。这个选项的作用是暂时制止 MySQL 在该命令每插入一条新记录和每修改一个数据之后立刻对索引进行刷新,对索引的刷新将等到全部记录插入或修改完毕之后再进行。在需要把许多新记录插入某个数据表的场合,DELAY_KEY_WRITE 选项的作用将非常明显。另外,索引还会在硬盘上占用相当大的空间。

　　从理论上讲,完全可以为数据表里的每个字段分别创建一个索引,但 MySQL 把同一个数据表里的索引总数限制为 16 个。既然使用索引可以提高系统的性能,大大加快数据检索的速度,是不是数据表中的每一字段都可以建立索引呢? 在实际应用中,为每一字段都建立索引是不可取的,因为使用索引要付出一定的代价:

- 创建索引需要占用数据表以外的物理存储空间。例如,要建立一个聚集索引,需要大约 1.2 倍于数据大小的空间。

- 创建索引和维护索引要花费一定的时间。

- 当对表进行更新操作时,索引需要被重建,这样就降低了数据的维护速度。一张表如果建有大量索引会影响 INSERT、UPDATE 和 DELETE 语句的性能,因为在表中的数据更改时,所有索引都需进行适当的调整。在修改表的内容时,索引必须进行更新,有时可能需要重构。因此,索引越多,所花的时间越长。如果有一个索引很少利用或从不使用,那么会不必要地减缓表的修改速度。

索引实质是数据库表的字段值的复制,该字段值称为索引的关键字。因此为数据表建立索引时,为了能够有效地提高数据的检索效率,需要掌握一些设计索引的原则:

(1) 主键字段一定要建立索引。

(2) 表的某个字段值离散度越高,该字段越适合选作索引的关键字。

(3) 占用存储空间少的字段更适合选作索引的关键字。对于定义为 TEXT 和二进制数据类型的字段不需要建立索引。

(4) 较频繁地作为 WHERE 查询条件的字段应该创建索引,分组字段或者排序字段应该创建索引,两个表的连接字段(即外键)应该创建索引。

(5) 更新频繁的字段不适合创建索引。

(6) 出现在 SELECT 子句后的字段不应该创建索引。

搜索的索引字段,不一定是所要选择的字段。换句话说,最适合索引的字段是出现在 WHERE 子句中的字段,或连接子句中指定的字段,而不是出现在 SELECT 关键字后的选择字段表中的字段,例如:

SELECT

性别   ←不适合作索引字段

FROM student JOIN choose

ON student. 学号＝choose. 学号   ←适合作索引字段

WHERE

课程号 ＝ EXPR   ←适合作索引字段

当然,所选择的字段和用于 WHERE 子句的字段也可能是相同的。关键是,字段出现在选择字段表中不是该字段应该索引的标志。出现在连接子句中的字段或出现在形如 ON student. student_no＝choose. student_no 表达式中的字段是很适合索引的字段。

5.1.3 索引分类

根据索引的存储结构不同将其分为两类:聚簇索引和非聚簇索引。在创建数据表时,MySQL 数据库会自动将表中的所有记录主键值的"备份"和每条记录所在的起始页组成一张索引表,这种索引称为主键索引,主键索引也称为聚簇索引。除主键索引外的其他索引称为非聚簇索引。一张数据表只能创建一个聚簇索引,可以创建多个非聚簇索引。创建索引后,当存储引擎为 MyISAM 时,数据表会有两个文件:myi 索引文件和 myd 数据文件,MySQL 根据 myi 索引文件中的"表记录指针"找到对应的 myd 数据文件中的表记录所在的物理地址查找数据。例如为 student 表添加主键索引,如图 5-1 所示。

MySQL 的聚簇索引与其他数据库管理系统不同之处在于,即便是一张数据表没有设置主键,MySQL 也会为该表创建一个"隐式"的主键。

图 5-1 student 表的主键索引

1. 主键索引

为数据表中的主键字段创建一个索引,这个索引就是所谓的"主索引"。主索引区别是:在定义时使用的关键字是 PRIMARY KEY 而不是 UNIQUE。

2. 普通索引

普通索引(由关键字 KEY 或 INDEX 定义的索引)的任务是加快对数据的访问速度。因此,应该只为那些最经常出现在查询条件(WHERE COLUMN =)或排序条件(ORDER BY COLUMN)中的字段创建索引。只要有可能,就应该选择一个数据最整齐、最紧凑的数据列字段(如一个整数类型的字段)来创建索引。普通索引允许被索引的数据列包含重复的值。比如说,因为人有可能同名,所以同一个姓名在同一个"员工个人资料"数据表里可能出现两次或更多次。如果能确定某个字段将只包含彼此各不相同的值,在为这个字段创建索引的时候就应该用关键字 UNIQUE 把它定义为一个索引。这么做的好处:一是简化了 MySQL 对这个索引的管理工作,这个索引也因此而变得更有效率;二是 MySQL 会在有新记录插入数据表时,自动检查新记录的这个字段的值是否已经在某个记录的这个字段里出现过,如果是,MySQL 将拒绝插入那条新记录。在为 CHAR 和 VARCHAR 类型的字段定义索引时,可以把索引的长度限制为一个给定的字符个数(这个数字必须小于这个字段所允许的最大字符个数)。这样可以生成一个尺寸比较小、检索速度却比较快的索引文件。而数据库中的字符串数据大都以各种各样的名字为主,把索引的长度设置为 10～15 个字符就会把搜索范围缩小到很少的几条数据记录了。

3. 唯一索引(UNIQUE INDEX)

索引字段的值必须唯一,但允许有空值(注意和主键不同)。如果是组合索引,则组合值须唯一,创建方法和普通索引类似。

4. 复合索引

索引可以覆盖多个字段,例如 INDEX(COLUMNA,COLUMNB)索引。这种索引的特点是 MySQL 可以有选择地使用一个这样的索引。如果查询操作只需要用到 COLUMNA 数据列上的一个索引,就可以使用复合索引 INDEX(COLUMNA,COLUMNB)。不过,这种用法仅适合于在复合索引中排列在前的数据列组合。比如说,INDEX(A,B,C)可以当作 A 或(A,B)的索引来使用,但不能当作 B,C 或(B,C)的索引来使用。

5. 全文索引

在为 BLOB 和 TEXT 类型的字段创建索引时,如果字段里存放的是由多个单词构成的较大段文字,普通索引就没什么作用了。普通索引必须对索引的长度做出限制。文本字段上的普通索引只能加快对出现在字段内容最前面的字符串(也就是字段内容开头的字符)进行检索操作。如果需要处理的数据量很大,响应时间就会很长。对于超大文本的索引要使用全文索引(FULLTEXT INDEX),在生成全文索引时,MySQL 将把在文本中出现的所有单词创建为一份清单,查询操作将根据这份清单去检索有关的数据记录。

6. 短索引

如果对字符串列进行索引,应该指定一个前缀长度,只要有可能就应该这样做。例如,如果有一个 CHAR(90) 字段,如果在前 9 个或 20 个字符内,多数值是唯一的,那么就不要对整个字段进行索引。对前 9 个或 20 个字符进行索引能够节省大量索引空间,也可能会使查询更快。较小的索引涉及的磁盘 I/O 较少,较短的值比较起来更快。更为重要的是,对于较短的键值,索引高速缓存中的块能容纳更多的键值,因此,MySQL 也可以在内存中容纳更多的值。这增加了找到行而不用读取索引中较多块的可能性。(当然,应该利用一些常识。如仅用字段值的第一个字符进行索引是不可能有多大好处的,因为这个索引中不会有许多不同的值。)

5.1.4 创建索引

创建索引有两种方法。

方法一:在创建表的同时创建索引,语法格式为:

```
CREATE TABLE 表名(
字段名 1 数据类型 [约束条件],
…
[其他约束条件],
…
[ UNIQUE | FULLTEXT] INDEX [索引名]( 字段名 [(长度)][ ASC | DESC]) ) ENGINE=存储引擎
类型;
```

其中:

[ ]表示可选项。

( )表示必选项。

[UNIQUE]用来指定创建的索引的类型为唯一索引。

[FULLTEXT]用来指定创建的索引的类型是全文索引。

[ASC | DESC]用来指定索引字段的排序方式,ASC 是升序,DESC 是降序。如果省略则默认按升序排序。

例 5.1　　使用 SQL 语句为表 book(isbn(出版编号),name(书名),brief_introduction(简介),price(单价),publish_time(出版日期))创建一个简单索引。存储引擎为 MyISAM、字符集为 GBK。SQL 语句如下,执行结果如图 5-2 所示。

```
CREATE TABLE book(
isbn CHAR(20) PRIMARY KEY,        # 定义 isbn 为主键
name CHAR(20) NOT NULL,
brief_introduction TEXT NOT NULL,
price DECIMAL(5,2),
publish_time DATE NOT NULL,
UNIQUE INDEX isbn_unique(isbn),
# 为 isbn 字段创建名为 isbn_unique 的唯一索引
INDEX name_index(name(20)),
# 为 name 字段创建名为 name_index 的普通索引
```

```
FULLTEXT INDEX brief_fulltext(name,brief_introduction),
# 为字段 name,brief_introduction 创建名为 brief_fulltext 的全文索引
INDEX complex_index(price,publish_time)
# 为字段 price,publish_time 创建名为 complex_index 的普通复合索引
) ENGINE＝MyISAM;
```

```
mysql> CREATE TABLE book(
    -> isbn CHAR(20) PRIMARY KEY,  #定义isbn为主键
    -> name CHAR(20) NOT NULL,
    -> brief_introduction TEXT NOT NULL,
    -> price DECIMAL(5,2),
    -> publish_time DATE NOT NULL,
    -> UNIQUE INDEX isbn_unique (isbn),
    -> #为isbn字段创建名为isbn_unique的唯一索引
    -> INDEX name_index (name(20)),
    -> #为name字段创建名为name_index的普通索引
    -> FULLTEXT INDEX brief_fulltext (name,brief_introduction),
    -> #为字段name,brief_introduction创建名为brief_fulltext的全文索引
    -> INDEX complex_index (price,publish_time)
    -> #为字段price,publish_time创建名为complex_index的普通复合索引
    -> ) ENGINE=MyISAM;
Query OK, 0 rows affected (0.03 sec)
```

图 5-2　创建索引执行结果

为表创建索引时,可以是表中的某一字段添加索引,也可以是两字段或两字段以上的组合字段添加复合索引。

方法二:在已存在的表上创建索引。

MySQL 可以通过修改表的结构为已创建好的表添加索引,语法格式如下。

语法格式一:

CREATE［UNIQUE｜FULLTEXT］INDEX 索引名 ON 表名(字段名 ［ASC｜DESC］);

语法格式二:

ALTER TABLE 表名 ADD［UNIQUE｜FULLTEXT］INDEX 索引名(字段名［ASC｜DESC］);

例 5.2　将 book 表的图书简介 brief_introduction 字段添加全文索引,SQL 语句如下,执行结果如图 5-3 所示。

ALTER TABLE book ADD FULLTEXT INDEX b1(brief_introduction);

```
mysql> ALTER TABLE book ADD FULLTEXT INDEX b1 (brief_introduction);
Query OK, 0 rows affected (0.05 sec)
Records: 0  Duplicates: 0  Warnings: 0
```

图 5-3　在已存在的表上添加索引

5.1.5　删除索引

为一张表创建太多的索引会降低数据库的性能,此时可以考虑将索引删除,语法格式为:

DROP INDEX 索引名 ON 表名;

例 5.3　删除书籍 book 表的复合索引 complex_index,SQL 语句如下,运行结果如图 5-4 所示。

DROP INDEX complex_index ON book;

```
mysql> DROP INDEX complex_index ON book;
Query OK, 0 rows affected (0.05 sec)
Records: 0  Duplicates: 0  Warnings: 0
```

图 5-4　删除索引

5.1.6 索引对数据查询的影响

1. 索引对单张表查询的影响

索引是用来快速找出在某个字段上的特定值的记录。如果数据表没有添加索引，MySQL 不得不从表中的第一条记录开始查找直到读完整张表才能查询出相关的数据。表越大，花费时间越多。如果表对于查询的字段有一个索引，MySQL 能快速到达一个位置去查找到数据文件的中间，没有必要遍历所有的数据。假如一个表有 900 行，如果采用顺序查找数据需要读取 900 行，如果在该字段上添加索引，那么查找速度至少快很多倍。

例 5.4 假设数据库有一张存放各门课程的学生成绩表 GRADE，执行下面的 SQL 语句。

```
MySQL> SELECT *  FROM GRADE
+------+---------+---------+---------+---------+
| ID   | NAME    | C ＋ ＋  | MySQL   | Java    |
+------+---------+---------+---------+---------+
|    9 | TOM     |     55 |     93 |     57 |
|   11 | PAUL    |     79 |     52 |     75 |
|   12 | MARRY   |     54 |     99 |     74 |
|   13 | TINA    |     99 |     93 |     49 |
|   14 | WILLIAM |     43 |     43 |     52 |
|   15 | STONE   |     42 |     40 |     51 |
|   15 | SMITH   |     49 |     49 |     79 |
|   17 | BLACK   |     49 |     53 |     47 |
|   19 | WHITE   |     94 |     31 |     52 |
+------+---------+---------+---------+---------+
```

对该表进行一个特定的查询，比如要查找出所有 MySQL 成绩不及格的学生姓名，执行下面的 SQL 语句，数据库就不得不做一个全表的扫描，速度很慢。

```
MySQL> SELECT NAME,MySQL FROM GRADE WHERE MySQL＜60;
+---------+---------+
| NAME    | MySQL   |
+---------+---------+
| PAUL    |     52 |
| WILLIAM |     43 |
| STONE   |     40 |
| SMITH   |     49 |
| BLACK   |     53 |
| WHITE   |     31 |
+---------+---------+
```

其中，WHERE 条件不得不匹配每个记录，以检查是否符合条件。对于记录数比较小的表来讲查询速度不会很慢。但是对于一个存储数据达到成千上万的记录的表来讲，检索所花的时间是十分可观的。如果为该表中的 MySQL 字段创建一个索引，那么字段的逻辑顺序就会发生变化，SQL 语句如下。

```
MySQL> ALTER TABLE GRADE ADD INDEX(MySQL);
+------------------------+
| INDEX FOR MySQL        |
+------------------------+
|                     31 |
|                     40 |
```

```
|                              43 |
|                              49 |
|                              52 |
|                              53 |
|                              93 |
|                              93 |
|                              99 |
+--------------------------------+
```

如上表,此索引存储在索引文件中,包含表中每行的 MySQL 字段值,但此索引是在 MySQL 的基础上按升序排序的。现在,要查找分数小于 60 的所有行,那么可以扫描索引,结果得出 6 行。然后到达分数为 93 的行,这个值大于查找的条件,由于索引值是排序的,因此在读到该行记录时,就不需要继续查找,此记录后面的所有记录都不用读取,这样查找速度明显要快很多。因此在执行下述查询语句:

```
MySQL>SELECT NAME,MySQL FROM GRADE WHERE MySQL<60;
```

其查询结果为:

```
+-----------+---------+
| NAME      | MySQL   |
+-----------+---------+
| WHITE     |    31   |
| STONE     |    40 |
| WILLIAM   |    43 |
| SMITH     |    49 |
| PAUL      |    52 |
| BLACK     |    53 |
+-----------+---------+
```

这时不难发现,这个结果与未索引 MySQL 字段之前的不同,它是排序的。

2. 索引对多个表查询的影响

单表查询中使用索引消除了全表扫描,极大地加快了搜索的速度。在执行涉及多个表的连接查询时,索引甚至会更有价值。在单个表的查询中,每字段需要查看的值的数目就是表中的记录数目。而在多个表的查询中,可能的组合数目极大,因为这个数目为各表中记录数之积。

假如有三张未创建索引的表 T1、T2、T3,分别只包含字段 C1、C2、C3,每个表分别由含有数值 1 到 1000 的 1000 行组成。查询三张表对应值相等的记录组合,查询结果应该为 1000 行,每个组合包含 3 个相等的值。如果在无索引的情况下执行此查询,找出所有组合以便得出与 WHERE 子句相配的那些组合,组合数目可能为 1000×1000×1000(十亿),比匹配数目多一百万倍,查询非常慢。如果每个表中有一百万条记录,这样查询效率会更低。如果对每张表都创建索引,就能加速查询进程,查询过程如下:

(1)先从表 T1 中选择第一行,查看此行所包含的值。

(2)使用表 T2 上的索引,直接跳到 T2 中与 T1 的值相匹配的记录。再利用表 T3 上的索引,直接跳到 T3 中与 T1 的值匹配的记录。

(3)到表 T1 的下一条记录并重复前面的过程直到 T1 中所有的记录被遍历一次。

查询过程对表 T1 执行了一个完全扫描,但在表 T2 和 T3 上进行索引查找直接取出值相等的记录。此时查询要比未用索引时快很多倍。

创建索引时要注意:

(1)只有表或视图的所有者才能创建索引,并且可以随时创建。

(2)对表中已依次排列的字段集合只能定义一个索引。

（3）在创建聚集索引时，将会对表进行复制，对表中的数据进行排序，然后删除原始的表。因此，数据库上必须有足够的空闲空间，以容纳数据副本。

（4）在使用 CREATE INDEX 语句创建索引时，必须指定索引、表以及索引所应用的字段的名称。

5.2 视图

视图是一种常用的数据库对象，常用于集中、简化和定制显示数据库中的数据信息，为用户以多种角度观察数据库中的数据提供方便。为了屏蔽数据的复杂性，简化用户对数据的操作或者控制用户访问数据，保护数据安全，常为不同的用户创建不同的视图。

5.2.1 视图的基本概念

视图是一个虚拟表，其内容由查询定义。视图与表有很多相似的地方，视图也是由若干个字段以及若干条记录构成，视图也可以作为 SELECT 语句的数据源。甚至在某些特定条件下，可以通过视图对表进行更新操作，如图 5-5 所示。视图中保存的仅仅是一条 SELECT 语句，视图中的源数据都来自于数据库表，数据库表称为基本表或者基表，视图称为虚表。而且视图并不在数据库中以存储的数据值集形式存在，而且系统也不会在其他任何地方专门为标准视图存储数据，而是在引用视图时动态生成。

图 5-5 视图与数据表之间的关系

数据视图是另一种在一个或多个数据表上观察数据的途径，可以把数据视图看作一个能把焦点锁定在用户感兴趣的数据上的监视器，用户看到的是实时数据。

视图可以被看作虚拟表或存储查询。可通过视图访问的数据不作为独特的对象存储在数据库内。数据库内存储的是 SELECT 语句，SELECT 语句的结果集构成视图所返回的虚拟表。用户可以用引用表时所使用的方法，在 SQL 语句中通过引用视图名称来使用虚拟表。在授权许可的情况下，用户还可以通过视图来插入、更改和删除数据。视图常见的示例有：

（1）基表的行和字段的子集。

（2）两个或多个基表的连接。

（3）两个或多个基表的联合。

（4）基表和另一个视图或视图的子集的结合。

（5）基表的统计概要。

由基表构成的视图如图 5-6 所示。

学号	姓名	性别	出生年月	班级编号
2018001	张三	男	2012-02-20 00:00:00	01
2018002	李四	女	1990-03-19 00:00:00	02
2018003	王五	男	1992-04-01 00:00:00	12

"student" 表

学号	姓名	课程名	教师编号
2018001	张三	Java语言程序设计	001
2018002	李四	MySQL数据库	002
2018003	王五	C语言程序设计	003

视图

课程号	课程名	学分	状态	教师编号
1	Java语言程序设计	2	已审核	001
2	MySQL数据库	4	已审核	002
3	C语言程序设计	4	已审核	003

"course" 表

图 5-6　视图与基表

5.2.2　视图的作用

视图最终是定义在基表上的，对视图的一切操作最终也要转换为对基表的操作。而且对于非行字段子集视图进行查询或更新时还有可能出现问题。既然如此，为什么还要定义视图呢？这是因为合理使用视图能够带来许多好处。

1. 视图能简化用户操作

使用视图可以简化数据的查询操作，对于经常使用、结构又比较复杂的 SELECT 语句，可以将其封装为一个视图。视图机制可以使用户将注意力集中在其所关心的数据上。如果这些数据不是直接来自基表，则可以通过定义视图，使用户眼中的数据库结构简单、清晰，并且可以简化用户的数据查询操作。例如，对于定义了若干张表连接的视图，就将表与表之间的连接操作对用户隐蔽起来了。也就是说，用户所做的只是对一个虚表的简单查询，而这个虚表是怎样得来的，用户无须了解。

2. 增强数据安全性

视图使不同的用户以多角度看待同一数据，同一个数据表可以为不同用户创建不同的视图，这样可以实现不同的用户只能查询或修改与之对应的数据，从而增强了数据的安全访问控制。

3. 避免数据冗余

由于视图保存的是一条 SELECT 语句，所有的数据保存在数据库表中，因此，这样就可以由一个表派生出多个视图，为不同的应用程序提供服务的同时，避免了数据冗余。

4. 提高数据的逻辑独立性

视图为重构数据库提供了一定程度的逻辑独立性。数据的物理独立性是用户和用户程序不依赖于数据库的物理结构。数据的逻辑独立性是指当数据库重新构造时,如增加新的关系或对原有关系增加新的字段等,用户和用户程序不会受到影响。层次数据库和网状数据库一般能较好地支持数据的物理独立性,而对于逻辑独立性则不能完全地支持。

5.2.3 创建视图

视图保存的仅仅是一条 SELECT 语句,而 SELECT 语句中的数据源可以是基表,也可以是另一个视图。创建视图的语法格式为:

```
CREATE VIEW 视图名 [(视图字段列表)]
AS
SELECT 语句;
```

其中,参数含义如下:

(1) SELECT 语句:可以是任意复杂的 SELECT 语句,但通常不允许含有 ORDER BY 语句和 DISTINCT 语句。

(2) 视图字段列表:是视图中的字段名。可以在 SELECT 语句中指派字段名。如果未指定字段名,则视图中的字段将获得与 SELECT 语句中的字段相同的名称。

(3) 视图名:为了区分视图与基本表,在命名视图时,建议在视图名的前缀或后缀添加"VIEW"。

(4) 如果 CREATE VIEW 语句仅指定了视图名,省略了组成视图的各个属性字段名,则隐含该视图由子查询中的 SELECT 语句目标字段中的诸字段组成。

例 5.5　在 choose 数据库中,为 student 表创建视图 view1。SQL 语句如下:

```
CREATE VIEW  view1(学号,姓名,性别)
AS
SELECT 学号,姓名,性别 FROM student;
```

视图被创建成功后,可以对视图进行查询,查询方法与对基表进行查询一样。查询语句格式一般都适用于视图。

例如通过上面创建好的视图 view1,可以查询"性别"为"女"的所有学生的姓名和学号。SQL 语句如下,执行结果如图 5-7 所示。

```
SELECT 学号,姓名 FROM view1 WHERE 性别='女';
```

图 5-7　查询视图

例 5.6　教师要查询某个班学生的各门课程成绩,可以先创建所有班级的所有学生的成绩视图,然后再查询具体的某个班级,SQL 语句如下。

```
CREATE VIEW view2
AS
SELECT student.学号,student.姓名,课程名称,成绩,班级名称
FROM classes  JOIN  student ON classes.班级编号= student.班级编号
JOIN choose ON student.学号=choose.学号
JOIN course ON course.课程号=choose.课程号
```

如果某老师需要浏览"19 计算机科学与技术 1 班"的学习成绩,执行查询语句"SELECT * FROM view2 WHERE 班级名称='19 计算机科学与技术 1 班',如图 5-8 所示。

图 5-8 使用视图

视图 view2 是基于数据库中不同的表创建的。当通过视图检索数据时，MySQL 将进行检查，以确保语句在每个地方引用的数据库对象都存在。而且对于经常使用的结构比较复杂的 SELECT 语句，建议将这些 SQL 语句封装为视图，可以增强代码的重用性。

例 5.7 统计每一门课程的选课人数，以及还能允许多少学生继续选课，通过视图实现。先在课程信息表中增加一个字段选课人数上限，默认每门课的最多选课人数为 120 人。SQL 语句如下。

```
ALTER TABLE course ADD 选课人数上限 INT DEFAULT 120;
CREATE VIEW available_view
AS
SELECT course.课程号,课程名称,选课人数上限,COUNT(学号) 实际选课人数,
选课人数上限- COUNT(学号) 可选人数
FROM choose JOIN course ON choose.课程号＝course.课程号
GROUP BY choose.课程号;
```

以上代码已封装到视图 available_view 中，要查看查询结果，只需打开视图，SQL 语句如下，执行结果如图 5-9 所示。

```
SELECT *  FROM available_view;
```

图 5-9 查询视图

5.2.4 使用视图

视图实际上是数据表的临时窗口，通过该"窗口"可以实现基本表中数据的查询、修改、删除等操作。

1. 使用视图查询数据

例 5.6 是运用视图实现对数据的查询，视图可以限制用户只能访问数据库中的某些记录，限制用户只查询表中某些字段的记录。视图的查询转换为对基表的查询的过程为视图的消解(VIEW RESOLUTION)。DBMS 对视图执行查询时，首先检查其有效性，检查查询

涉及的表、视图等是否在数据库中存在,如果存在,则从数据字典中取出查询涉及的视图的定义,把定义中的子查询和用户对视图的查询结合起来,转换成对基表的查询,然后再执行这个经过修改的查询。

2. 使用视图更新数据

更新视图包括数据插入(INSERT)、数据删除(DELETE)、数据修改(UPDATE)三类操作。

(1) 使用视图修改数据。

例 5.8　将 view1 视图中学号为"01640405"的学生的姓名改为"李平"。SQL 语句如下,更新前的数据如图 5-10 所示,更新后的数据如图 5-11 所示。

```
UPDATE view1  SET 姓名='李平' WHERE 学号='01640405';
```

学号	姓名	性别	出生日期	班级编号
01640401	浅浅	女	2001-05-06 00:00:00	00
01640402	猴子	男	2000-02-20 00:00:01	01
01640403	魔兽	男	2000-02-20 00:00:00	01
01640404	英雄	女	1998-03-18 00:00:00	02
01640405	火王	男	1992-04-01 00:00:00	03
01640406	马浅	女	2001-03-04 00:00:00	04
01640407	田七	男	2002-03-04 00:00:00	02

图 5-10　更新前 student 表数据

```
mysql> UPDATE view1  SET 姓名='李平'  WHERE 学号='01640405';
Query OK, 1 row affected (0.05 sec)
Rows matched: 1  Changed: 1  Warnings: 0

mysql> SELECT * FROM student;
```

学号	姓名	性别	出生日期	班级编号
01640401	浅浅	女	2001-05-06 00:00:00	00
01640402	猴子	男	2000-02-20 00:00:01	01
01640403	魔兽	男	2000-02-20 00:00:00	01
01640404	英雄	女	1998-03-18 00:00:00	02
01640405	李平	男	1992-04-01 00:00:00	03
01640406	马浅	女	2001-03-04 00:00:00	04
01640407	田七	男	2002-03-04 00:00:00	02

图 5-11　更新后 student 表数据

(2) 使用视图删除数据。

语法格式为:

```
DELETE FROM <视图名> WHERE <查询条件>;
```

例 5.9　删除 view1 视图中学号为"01640407"的记录。SQL 语句如下,执行结果如图 5-12 所示。

```
DELETE FROM view1 WHERE 学号='01640407';
```

注意:

在删除 student 表中的数据时,在 choose 表中的学号被设置了外键约束。如果 choose 表中有被删除的数据,要删除 choose 表的数据先执行"DELETE FROM choose WHERE 学号＝'01640407';"。通过视图删除数据如图 5-12 所示。

```
mysql> DELETE FROM view1 WHERE 学号='01640407';
Query OK, 1 row affected (0.02 sec)

mysql> SELECT * FROM student;

| 学号     | 姓名 | 性别 | 出生日期            | 班级编号 |

| 01640401 | 浅浅 | 女  | 2001-05-06 00:00:00 | 00   |
| 01640402 | 猴子 | 男  | 2000-02-20 00:00:01 | 01   |
| 01640403 | 魔兽 | 男  | 2000-02-20 00:00:00 | 01   |
| 01640404 | 英雄 | 女  | 1998-03-18 00:00:00 | 02   |
| 01640405 | 李平 | 男  | 1992-04-01 00:00:00 | 03   |
| 01640406 | 马浅 | 女  | 2001-03-04 00:00:00 | 04   |
```

图 5-12　使用视图删除数据

（3）使用视图插入数据。

一般格式为:

```
INSERT INTO ＜视图名称＞ VALUES('值','值',…);
```

例 5.10　基于 choose 数据库先创建一个查看成绩不及格(成绩小于 50 分)的选课视图 choose_view,SQL 语句如下。

```
CREATE VIEW choose_view AS SELECT *  FROM choose WHERE 成绩＜50;
```

向视图 choose_view 分别插入一条成绩小于 50 的信息和一条成绩大于 50 的信息,打开 choose 表,观察数据变化。SQL 语句如下,执行结果如图 5-13 所示。

```
INSERT INTO choose_view VALUES('01640405','2',40,NOW());
INSERT INTO choose_view VALUES('01640406','2',90,NOW());
SELECT *  FROM choose;
```

```
mysql> INSERT INTO choose_view VALUES('01640405','2',40,NOW());
Query OK, 1 row affected (0.06 sec)

mysql> INSERT INTO choose_view VALUES('01640406','2',90,NOW());
Query OK, 1 row affected (0.02 sec)

mysql> SELECT * FROM choose;

| 学号     | 课程号 | 成绩 | 选课时间            |

| 01640401 | 1    | 50   | 2018-12-13 16:24:32 |
| 01640401 | 2    | 40   | 2018-12-13 16:24:32 |
| 01640401 | 3    | 60   | 2018-12-13 16:24:32 |
| 01640402 | 2    | 70   | 2018-12-13 16:24:32 |
| 01640403 | 1    | 80   | 2018-12-13 16:24:32 |
| 01640403 | 2    | 90   | 2018-12-13 16:24:32 |
| 01640404 | 3    | NULL | 2018-12-13 16:24:32 |
| 01640405 | 1    | NULL | 2018-12-13 16:24:32 |
| 01640405 | 2    | 40   | 2018-12-13 18:14:42 |
| 01640406 | 2    | 90   | 2018-12-13 18:14:43 |
```

图 5-13　视图插入数据(没有检查视图条件)

分析运行结果,成绩大于 50 的记录被成功地插入了数据表中,通过视图插入数据时并没有检查视图本身的条件。MySQL 把不具备检查功能的视图称为普通视图。

由于视图是虚表,不保存数据,因此通过视图执行数据更新操作最终要转换为对基表的更新操作。因此,使用视图更新数据时需要注意以下几点:

• MySQL 必须能够明确地解析对视图所引用基表中的特定行所做的修改操作。不能在一个语句中对多个基表使用数据修改语句。因此,在 UPDATE 或 INSERT 语句中的字段必须属于视图定义中的同一个基表。

• 对于基表中需更新而又不允许空值的所有字段,它们的值在 INSERT 语句或 DEFAULT 定义中指定。这将确保基表中所有需要值的字段都可以获取值。

• 在基表的字段中修改的数据必须符合对这些字段的约束,如为空性、约束、DEFAULT 定义等。

5.2.5 检查视图

MySQL 中的视图可分为普通视图与检查视图。通过检查视图更新基表的数据,只有满足检查条件的更新语句才能成功执行。为防止用户通过视图对数据进行修改、无意或故意操作不属于视图范围内的基本数据,可在定义视图时加上 WITH CHECK OPTION 语句,这样在视图上修改数据时,DBMS 会进一步检查视图定义中的条件,若不满足条件,则拒绝执行该操作。创建检查视图的语法格式如下。

```
CREATE VIEW 视图名 [(视图字段列表)]
AS
SELECT 语句
WITH [ LOCAL | CASCADED ] CHECK OPTION;
```

其中:

WITH CHECK OPTION:表示对视图进行 UPDATE、INSERT、DELETE 操作时要保证更新、插入、删除的记录满足视图定义中的谓词条件(即查询中的条件表达式)。

[LOCAL | CASCADED]:可以省略,它们之间的区别如图 5-14 所示。LOCAL 为本地检查视图。CASCADED 为级联检查视图,级联检查视图在视图的基础上再次创建另一个视图。

图 5-14 LOCAL 和 CASCADED 检查视图

例 5.11 创建一个学生成绩不及格(成绩小于 60 分)的检查视图 choose_view1，
SQL 语句如下。

```
CREATE VIEW choose_view1
AS
SELECT *  FROM choose WHERE 成绩＜60
WITH CASCADED CHECK OPTION;
```

向检查视图 choose_view1 插入一条成绩大于 60 分和一条成绩小于 60 分的记录，SQL
语句如下，运行结果如图 5-15 所示。

```
INSERT INTO choose_view1 VALUES('01640405','3',90,NOW());
INSERT INTO choose_view1 VALUES('01640405','4',50,NOW());
```

```
mysql> INSERT INTO choose_view1 VALUES('01640405','3',90,NOW())
ERROR 1369 (HY000): CHECK OPTION failed 'choose.choose_view1'
mysql> INSERT INTO choose_view1 VALUES('01640405','4',50,NOW())
Query OK, 1 row affected (0.01 sec)
```

图 5-15　检查视图更新基表数据

基于视图 choose_view1，分别创建成绩大于 50 分的 LOCAL 视图 local_view2 和
CASCADED 视图 cascaded_view3，SQL 语句如下。运行结果如图 5-16 所示。

```
CREATE VIEW local_view2
AS
SELECT *  FROM choose_view1 WHERE   成绩＞50
WITH LOCAL CHECK OPTION;


CREATE VIEW  cascaded_view3
AS
SELECT *  FROM choose_view1 WHERE   成绩＞50
WITH CASCADED CHECK OPTION;
```

```
mysql> CREATE VIEW  cascaded_view3
    -> AS
    -> SELECT * FROM choose_view1 WHERE   成绩>50
    ->  WITH CASCADED CHECK OPTION;
Query OK, 0 rows affected (0.03 sec)
```

图 5-16　创建级联检查视图

基于视图 choose_view1 创建的视图 local_view2 只检查当前视图中的条件，所以成绩
的取值范围是大于 50。而视图 cascaded_view3 不仅检查当前视图的条件还要检查上一级
视图的条件，最后成绩的取值范围是 50～60。向视图 cascaded_view3 插入三条记录，运行
SQL 语句，结果如图 5-17 所示。

```
INSERT INTO cascaded_view3 VALUES('01640405','4',70,NOW());
INSERT INTO cascaded_view3 VALUES('01640405','4',40,NOW());
INSERT INTO cascaded_view3 VALUES('01640405','4',55,NOW());
```

```
mysql> INSERT INTO cascaded_view3 VALUES('01640405','4',70,NOW());
ERROR 1369 (HY000): CHECK OPTION failed 'choose.cascaded_view3'
mysql> INSERT INTO cascaded_view3 VALUES('01640405','4',40,NOW());
ERROR 1369 (HY000): CHECK OPTION failed 'choose.cascaded_view3'
mysql> INSERT INTO cascaded_view3 VALUES('01640405','4',55,NOW());
Query OK, 1 row affected (0.00 sec)
```

图 5-17　向检查视图添加数据

例 5.12　在 choose 数据库中,为"student"表创建视图,并通过视图查询所有学生的姓名、学号和出生日期,按照学号升序排序。SQL 语句如下。

```
CREATE VIEW student_view
AS
SELECT 学号,姓名,出生日期
FROM student
ORDER BY 学号 ASC;
```

例 5.13　在 choose 数据库中,创建视图,查看计算机学院选修课程门数少于 3 门的学生的学号和姓名。SQL 语句如下,运行结果如图 5-18 所示。

```
CREATE VIEW  course_view
AS
SELECT student.学号,姓名,COUNT(*)  选课门数 FROM student
JOIN classes ON student.班级编号=classes.班级编号
JOIN department ON classes.学院编号=department.学院编号
JOIN choose ON student.学号=choose.学号
WHERE  学院名称='计算机学院'
GROUP BY  student.学号,姓名
HAVING COUNT(*)<3;
```

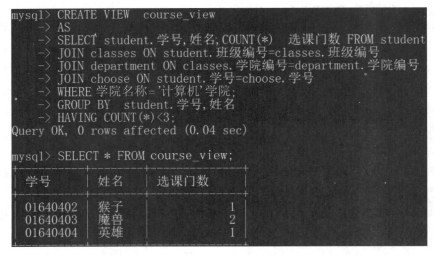

图 5-18　含统计函数视图

例 5.14　在 choose 数据库中,创建视图,查看总成绩高于"猴子"同学总成绩的学生学号和姓名。SQL 语句如下,运行结果如图 5-19 所示。

```
CREATE VIEW   score_sum_view
AS
SELECT student.学号,姓名,sum(成绩),总成绩
FROM student
JOIN choose ON student.学号=choose.学号
GROUP BY   student.学号,姓名
HAVING SUM(成绩)>(SELECT SUM(成绩) FROM student
                    JOIN choose ON student.学号=choose.学号
                    WHERE 姓名='猴子');
```

```
mysql> CREATE VIEW   score_sum_view
    -> AS
    -> SELECT student.学号,姓名,sum(成绩) 总成绩
    -> FROM student
    -> JOIN choose ON student.学号=choose.学号
    -> GROUP BY   student.学号,姓名
    -> HAVING SUM(成绩)>(SELECT SUM(成绩) FROM student
    ->                     JOIN choose ON student.学号=choose.学号
    ->                     WHERE 姓名='猴子');
Query OK, 0 rows affected (0.06 sec)

mysql> SELECT * FROM score_sum_view;

学号       | 姓名  | 总成绩
01640401  | 浅浅  | 150
01640403  | 魔兽  | 170
01640405  | 火王  | 165
```

图 5-19   含子查询的视图

5.2.6   查看视图的定义

查看视图的定义主要查看数据库已存在视图的定义、状态和语法等信息,有以下四种方法可以查看视图定义。

（1）SHOW CREATE VIEW 视图名称,例如 SHOW CREATE VIEW score_sum_view。

（2）视图是一个虚表,可以使用查看表结构的方式查看视图的定义,如 DESC choose_view1。

（3）"SHOW TABLES"命令不仅显示当前数据库中所有的数据表,也可以显示数据库中所有视图。

（4）MySQL 系统数据库 INFORMATION_SCHEMA 的 VIEWS 表存储了所有视图的定义,使用下面的 SELECT 语句查询该表的所有记录,也可以查看所有视图的详细信息。

```
SELECT *  FROM INFORMATION_SCHEMA.VIEWS\G;
```

5.2.7   删除视图

创建好的视图如不再使用,可以使用 DROP VIEW 语句删除视图。语句格式为:

```
DROP VIEW 视图名;
```

视图建立好后,如果导出此视图的基表被删除了,该视图将失效,但一般不会被自动删除。用户应该使用 DROP VIEW 语句将其一一删除。

例 5. 15 删除 local_view2 视图。SQL 语句如下,如图 5-20 所示。

```
DROP VIEW local_view2;
```

```
mysql> DROP VIEW local_view2;
Query OK, 0 rows affected (0.01 sec)
```

图 5-20　删除视图

执行此语句后,local_view2 视图的定义将被从数据字典中删除。由 local_view2 视图导出的视图的定义虽然仍在数据字典中,但该视图已无法使用,因此应同时删除。

习　　题

1.什么是索引? 使用索引有什么意义?

2.创建索引时要考虑哪些事项?

3.修改索引可以用 ALTER INDEX 语句吗? 如果不能,说明修改索引的方法。

4.基于"course"表,为课程名建立唯一非聚集索引。

5.视图的作用是什么?

6.视图的类型有哪几种?

7.查询视图和查询基表的主要区别是什么?

8.使用视图对数据进行操作时需要注意的主要原则是什么?

第6章 MySQL 函数

为了便于 MySQL 代码维护,以及提高 MySQL 代码的重用性,MySQL 开发人员经常将频繁使用的业务逻辑封装成存储程序。MySQL 的存储程序分为四类:函数、触发器、存储过程以及事件。本章主要介绍 MySQL 编程的基础知识、用户自定义函数的实现方法、程序控制语句、常用的系统函数。本章内容结合"学生选课数据库"和"图书销售管理数据库"编写自定义函数。通过本章的学习为将来的数据库编程奠定坚实的基础。

本章要点

◇ MySQL 编程基础知识
◇ 自定义函数
◇ 流程控制语句
◇ 系统函数
◇ 窗口函数

6.1 MySQL 编程基础知识

MySQL 的程序设计结构是在 SQL 基础上增加了一些程序设计语言的元素,包含常量、变量、运算符、表达式等内容。

6.1.1 常量

按照 MySQL 的数据类型进行划分,常量可分为数值型常量、十六进制常量、二进制常量、字符串常量、日期型常量、布尔值、空值等。

1. 数值型常量

数值型常量可分为整数常量和小数常量,整数常量如 1221、0、−32 等,小数常量如 294.42、−32032.6809E10、0.148、101.5E5 等。数值型常量在使用时不需要加引号。

2. 十六进制常量

十六进制常量由数字"0"到"9"及字母"a"到"f"或字母"A"到"F"组成,表示的方法有两种。

第一种表示方法:前缀为"0x",后面紧跟十六进制数,例如,0x0a 为十进制的 10,0xffff 为十进制的 65535。十六进制数字不区分大小写。

第二种表示方法:前缀为大写字母"X"或小写字母"x",后面紧跟"十六进制数"字符串,其中十六进制数必须要加引号。例如,X'41'表示大写字母 A,X'4D7953514C'表示字符串"MySQL"。

使用 SELECT 语句输出十六进制数时,会将十六进制数自动转换为"字符串"再进行显示。如果需要将一个字符串或数字转换为十六进制格式的字符串,可以用 HEX() 函数实现。例如,"SELECT HEX('MySQL');"。HEX() 函数将"MySQL"字符串转换为十六进制数 4D7953514C。十六进制常量的默认类型是字符串。如果以数值型结果输出,可以使用类型转换函数 CAST(… AS UNSIGNED),或者在十六进制数后面"+0",例如,0x41+0。十六进制数的输出使用 SELECT 子句,运行 SQL 语句,结果如图 6-1 所示。

```
SELECT  X'41',0x41＋0,CAST(0x41 AS UNSIGNED),HEX(41),X'4D7953514C';
```

```
mysql> SELECT X'41',0x41+0,CAST(0x41 AS UNSIGNED),HEX(41),X'4D7953514C';
| X'41' | 0x41+0 | CAST(0x41 AS UNSIGNED) | HEX(41) | X'4D7953514C' |
| A     | 65     | 65                     | 29      | MySQL         |
1 row in set (0.00 sec)
```

图 6-1　十六进制常量用法

3. 二进制常量

二进制常量由数字"0"和"1"组成。二进制常量的表示方法为前缀为"b",后面紧跟一个"二进制"字符串。例如,b'111101'表示"等号",b'1'表示"笑脸",b'11'表示"心"。

使用 SELECT 语句输出二进制常量,如果以数值型结果输出,在二进制数后面"+0",例如,b'111101'+0。如果需要将一个字符串或数字转换为二进制数,可使用 BIN()函数实现。二进制常量的输出结果如图 6-2 所示。

图 6-2　二进制常量用法

4. 字符串常量

字符串常量是指加单引号或双引号的字符序列,如 'I'm a teacher',"you are a student"。

字符串中使用的字符,有一些被用来表示了特定的含义,如"'""%""_"等,这些字符不同于字符原有的含义,即为转义字符。每个转义字符以一个反斜杠("\")开头,常用的转义字符如表 6-1 所示。

表 6-1　转义字符及含义

转 义 字 符	含　　义
\0	一个 ASCII 0 (NUL)字符
\n	一个新行符
\r	一个回车符(Windows 中使用\r\n 作为新行标志)
\t	一个定位符
\b	一个退格符
\'	一个单引号("'")符
\"	一个双引号(""")符
\\	一个反斜线("\")符
\%	一个"%"符。它用于在正文中搜索"%"的文字实例,否则这里"%"将解释为一个通配符
_	一个"_"符。它用于在正文中搜索"_"的文字实例,否则这里"_"将解释为一个通配符

注意:

NUL 字节与 NULL 值不同;NUL 为一个零值字节,而 NULL 代表没有值。

例 6.1 输出含转义字符的字符串。SQL 语句如下,运行结果如图 6-3 所示。

```
SELECT 'hello','"hello"','""hello""','hel''lo','\'hello';
```

图 6-3　转义字符

5. 日期时间常量

日期时间常量是一个含有特殊格式的字符串,使用时要加单引号或双引号。例如'18:20:26'是一个时间常量,'2019-11-11 11:11:11'是一个日期时间常量。使用 SELECT 语句输出日期时间常量,例如,"SELECT '2019-1-1 1:01:01'"。

6. 布尔值

布尔值只包含两个可能的值:TRUE 和 FALSE。FALSE 的数字值为"0",TRUE 的数字值为"1"。

例 6.2 获取 TRUE 和 FALSE 的值,如图 6-4 所示。

```
SELECT TRUE,FALSE;
```

图 6-4　布尔常量

7. NULL 值

NULL 值可适用于各种列类型,它通常用来表示"没有值""无数据"等意义,并且不同于数字类型的 0 或字符串类型的空字符串。

6.1.2　变量

当客户机连接 MySQL 服务器生成 MySQL 数据库实例时,需要定义变量保存当前 MySQL 数据库实例的属性、特征等内容。MySQL 数据库中的变量分为系统变量(以@@开头)和用户自定义变量。

1. 系统变量

系统变量分为全局系统变量(GLOBAL SYSTEM VARIABLE)和会话系统变量(SESSION SYSTEM VARIABLE)。每一个 MySQL 客户机成功连接 MySQL 服务器后,都会产生与之对应的会话。在会话期间,MySQL 服务实例会在 MySQL 服务器内存中生成与该会话对应的会话系统变量,这些会话系统变量的初始值是全局系统变量值的拷贝。

1) 全局系统变量

使用"SHOW GLOBAL VARIABLES;"命令可查看 MySQL 服务器中所有的全局系统变量信息。全局系统变量影响服务器整体操作。当 MySQL 服务器启动的时候,全局系统变量被初始化为默认值,并且应用于每个启动的会话。要想修改全局系统变量的值可以在选项文件中或在命令行中对指定的选项进行更改。全局系统变量作用于 SERVER 的整个生命周期,但是不能跨重启,即重启后所有设置的全局系统变量均失效。要想让全局系统变量重启后继续生效,需要更改相应的服务器配置文件。

例 6.3 将全局系统变量 SORT_BUFFER_SIZE 的值改为 25000。

```
SET @ @ GLOBAL.SORT_BUFFER_SIZE=25000;
```

2)会话系统变量

会话系统变量只适用于当前的会话。大多数会话系统变量的名字和全局系统变量的名字相同。当启动会话的时候,每个会话系统变量都和同名的全局系统变量的值相同。一个会话系统变量的值是可以改变的,但是这个新的值仅适用于正在运行的会话,不适用于所有其他会话。

例 6.4 将当前会话的 SQL_WARNINGS 变量设置为 TRUE。如图 6-5 所示。

```
SET  @ @ SQL_WARNINGS =ON;
```

```
mysql> SET  @@SQL_WARNINGS =ON;
Query OK, 0 rows affected (0.00 sec)
```

图 6-5　修改系统变量的值

例 6.5 基于当前会话,把系统变量 SQL_SELECT_LIMIT 的值设置为 10。这个变量决定了 SELECT 语句的结果集中的最大行数。

```
SET  @ @ SESSION.SQL_SELECT_LIMIT=10;
SELECT  @ @ LOCAL.SQL_SELECT_LIMIT;
```

执行结果如图 6-6 所示。

图 6-6　修改结果

在早期 MySQL 版本中默认的字符集是 LATIN1,该字符集不支持中文,通过修改字符集系统变量为"GBK"或"UTF8"才能处理中文字符。SQL 语句为:

```
SET  @ @ CHARACTER_SET_SERVER=GBK;
```

其中的@@可以省略,如:

```
SET  CHARACTER_SET_SERVER=GBK;
```

2. 用户自定义变量

用户自定义变量分为用户会话变量(以@开头)和局部变量(不以@开头)。

1)局部变量

局部变量必须定义在存储程序中(例如函数、触发器、存储过程以及事件中),一般用在

SQL 语句块中。使用之前用 DECLARE 命令定义局部变量及其数据类型，例如，"DECLARE c CHAR(20)"。并且局部变量的作用范围仅仅局限于存储程序中，脱离存储程序，局部变量没有任何意义。局部变量主要用于下面三种场合。

场合一：局部变量定义在存储程序的 BEGIN…END 语句块之间。此时局部变量首先必须使用 DECLARE 命令定义，并且必须指定局部变量的数据类型。只有定义局部变量后，才可以使用 SET 命令或者 SELECT 语句为其赋值。

场合二：局部变量作为存储过程或者函数的参数使用，此时虽然不需要使用 DECLARE 命令定义，但需要指定参数的数据类型。

场合三：局部变量也可以用在 SQL 语句中。数据检索时，如果 SELECT 语句的结果集是单个值，可以将 SELECT 语句的返回结果赋予局部变量，局部变量也可以直接嵌入到 SELECT、INSERT、UPDATE 以及 DELETE 语句的条件表达式中。

2）用户会话变量

用户会话变量是 MySQL 客户机与数据库服务器在会话期间使用的变量，作用范围只和客户机相关。例如，MySQL 客户机 1 定义了会话变量，会话期间，该会话变量一直有效；MySQL 客户机 2 不能访问 MySQL 客户机 1 定义的会话变量；MySQL 客户机 1 关闭或者 MySQL 客户机 1 与服务器断开连接后，MySQL 客户机 1 定义的所有会话变量将自动释放，以便节省 MySQL 服务器的内存空间。

用户会话变量与系统会话变量相似，变量名大小写不敏感，但又有所区别：

* 用户会话变量一般以"@"开头；系统会话变量以"@@"开头。
* 系统会话变量无须定义可以直接使用；用户会话变量需要定义与赋值，一般情况下，用户会话变量的定义与赋值会同时进行。

用户会话变量的定义与赋值有三种方法：使用 SET 命令或者 SELECT 语句。

方法一：使用 SET 命令定义用户会话变量，并为其赋值，语法格式为：

```
SET @ user_variable1＝值 1[,@ user_variable2＝ 值 2,…];
```

用户会话变量的数据类型是根据赋值运算符"="右边表达式的计算结果自动分配的。也就是说，等号右边的值决定了用户会话变量的数据类型。

方法二：使用 SELECT 语句定义用户会话变量，并为其赋值，语法格式为：

```
SELECT @ user_variable1:＝值 1[,user_variable2:＝ 值 2,…];
```

使用":="赋值，因为在 SELECT 语句中"="是"比较"，判断"="号左右的数据是否相等。

方法三：使用 SELECT ……INTO 定义用户会话变量，并为其赋值，语法格式为：

```
SELECT 值 1 INTO @ user_variable1,值 2  INTO @ user_variable2,…;
```

其中的 user_variable1、user_variable2 为变量名，变量名可以由当前字符集的文字、数字、字符、"_"和"$"组成。为了编写程序方便，变量名建议使用由字母、数字、下划线组成的字符串。输出变量的值用 SELECT 语句，如"SELECT @A"。

例 6.6　创建用户会话变量@name 并赋值为"王林"；创建用户会话变量 user1 并赋值为 1，user2 赋值为 2，user3 赋值为 3；创建用户会话变量 user4，赋值为 user3 的值加 1。SQL 语句如下，运行结果如图 6-7 所示。

```
SELECT '王林'  INTO @ name;
SET  @ user1＝1,@ user2＝2,@ user3＝3;
SELECT  @ user4:＝@ user3＋1;
```

```
mysql> SELECT '王林' INTO @name;
Query OK, 1 row affected (0.00 sec)

mysql> SET @user1=1, @user2=2, @user3=3;
Query OK, 0 rows affected (0.00 sec)

mysql> SELECT @user4:=@user3+1;
+------------------+
| @user4:=@user3+1 |
+------------------+
|                4 |
+------------------+
1 row in set (0.00 sec)
```

图 6-7　定义用户会话变量

使用 SELECT 语句输出各个变量的值,如图 6-8 所示。

```
mysql> SELECT @name,@user1,@user2,@user3,@user4;
+-------+--------+--------+--------+--------+
| @name | @user1 | @user2 | @user3 | @user4 |
+-------+--------+--------+--------+--------+
| 王林  |      1 |      2 |      3 |      4 |
+-------+--------+--------+--------+--------+
1 row in set (0.00 sec)
```

图 6-8　查看变量的值

例 6.7　可以将表达式赋值给变量,SQL 语句如下,运行结果如图 6-9 所示。

```
SELECT @ T2:=(@ T2:=2)+5 AS T2;
```

```
mysql> SELECT @T2:=(@T2:=2)+5 AS T2;
+------+
| T2   |
+------+
|    7 |
+------+
1 row in set (0.00 sec)
```

图 6-9　赋值同时输出变量的值

例 6.8　查询学生信息表 student 中学号为"01640401"学生的年龄并赋值给变量 @a,查看变量的值,SQL 语句如下,运行结果如图 6-10 所示。

```
SET @ a=(SELECT year(now())-year(出生日期)
    FROM student WHERE 学号='01640401');
```

```
mysql> SET @a=(SELECT year(now())-year(出生日期)
    ->            FROM student WHERE 学号='01640401');
Query OK, 0 rows affected (0.00 sec)

mysql> SELECT @a;
+------+
| @a   |
+------+
|   16 |
+------+
1 row in set (0.00 sec)
```

图 6-10　查询结果赋值给变量

3）局部变量与用户会话变量的区别

（1）用户会话变量名以"@"开头，而局部变量名前面没有"@"符号。

（2）局部变量使用 DECLARE 命令定义（存储过程参数、函数参数除外），定义时必须指定局部变量的数据类型；局部变量定义后，才可以使用 SET 命令或者 SELECT 语句为其赋值。DECLARE 命令尽量写在 BEGIN…END 语句块中。用户会话变量使用 SET 命令或SELECT 语句定义并进行赋值，定义用户会话变量时无须指定数据类型。诸如"DECLARE @student_no INT;"的语句是错误语句，用户会话变量不能使用 DECLARE 命令定义。

（3）用户会话变量的作用范围与生存周期大于局部变量。局部变量如果作为存储过程或者函数的参数，此时在整个存储过程或函数内有效；如果定义在存储程序的 BEGIN…END 语句块中，此时仅在当前的 BEGIN…END 语句块中有效。用户会话变量在本次会话期间一直有效，直至关闭服务器连接。

（4）如果局部变量嵌入到 SQL 语句中，由于局部变量名前没有"@"符号，这就要求局部变量名不能与表字段名相同，否则将出现无法预期的结果。

6.1.3 运算符

运算符是数据操作的符号，表达式是操作数用运算符按照一定的规则连接起来的有意义的式子。根据运算符功能的不同，MySQL 的运算符分为算术运算符、比较运算符、逻辑运算符以及位运算符。

1. 算术运算符

算术运算符用于两个操作数执行算术运算。MySQL 中常用的算术运算符包括加、减、乘、除、求余，其作用如表 6-2 所示。

表 6-2　算术运算符

运　算　符	含　　义
＋	加法运算
－	减法运算
＊	乘法运算
/	除法运算
％	求余运算
DIV	除法运算，返回商。同"/"
MOD	求余运算，返回余数。同"％"

2. 比较运算符

比较运算符用于比较两个操作数之间的大小关系，运算结果要么为真（TRUE），要么为假（FALSE），要么为空（结果不确定）。MySQL 中常用的比较运算符如表 6-3 所示。

表 6-3　比较运算符

运　算　符	名　　称	示　　例
＝	等于	ID＝5
＞	大于	ID＞5
＜	小于	ID＜5

运　算　符	名　　称	示　　例
>=	大于等于	ID>=5
<=	小于等于	ID<=5
!=或<>	不等于	ID!=5
IS NULL	是否为空	ID IS NULL
BETWEEN　AND	是否在区间内	ID BETWEEN 1 AND 15
IN	是否在集合中	ID IN (3,4,5)
LIKE	模式匹配	NAME LIKE'李%'

3. 逻辑运算符

逻辑运算符(又称为布尔运算符)对布尔值进行操作。运算结果为真时,返回1;为假时,返回0。MySQL中常用的逻辑运算符如表6-4所示。

表 6-4　逻辑运算符

运　算　符	含　　义
&& 或 AND	逻辑与
‖或 OR	逻辑或
! 或 NOT	逻辑非
XOR	逻辑异或

4. 位运算符

位运算符对二进制数据进行运算。如果操作数不是二进制数会自动进行类型转换。使用SELECT语句输出结果时会自动转换为十进制数。MySQL常用的位运算符如表6-5所示。

表 6-5　位运算符

运　算　符	含　　义
&	按位与。二进制数每位上进行与运算。1和1相与得1,和0相与得0。
|	按位或。将操作数化为二进制数后,每位都进行或运算。1和任何数进行或运算的结果都是1,0与0或运算结果为0
~	按位取反。将操作数化为二进制数后,每位都进行取反运算。1取反后为0,0取反后为1
^	按位异或。二进制数的每位进行异或运算。相同的数异或后结果是0,不同的数异或后结果为1
<<	按位左移。"m<<n"表示m的二进制数向左移n位,右边补上n个0。
>>	按位右移。"m>>n"表示m的二进制数向右移n位,左边补上n个0。

5. 运算符的优先级

MySQL运算符的优先级如表6-6所示。按照从高到低、从左到右的级别进行运算操作。如果优先级相同,则表达式左边的运算符先运算。

表 6-6　MySQL 运算符的优先级

优 先 级	运 算 符	优 先 级	运 算 符
1	!	8	|
2	~	9	=,<=>,<,<=,>,>=,!=,<>, IN,IS NULL,LIKE
3	^	10	BETWEEN AND
4	*,/,DIV,%,MOD	11	NOT
5	+,-	12	&&,AND
6	>>,<<	13	||,OR,XOR
7	&.	14	:=

6.2　自定义函数

函数存储着一系列 SQL 语句,作为数据库的一个对象存储到数据库服务器上。调用函数就是一次性执行这些语句,函数可以封装 SQL 语句,减少语句重复编写工作,为数据库编程人员提供方便。函数可以看作一个"加工作坊",这个"加工作坊"接收"调用者"传递过来的"原料"(实际上是函数的参数),然后将这些"原料""加工处理"成"产品"(实际上是函数的返回值),再把"产品"返回给"调用者"。

6.2.1　创建自定义函数

创建自定义函数时,数据库开发人员需提供函数名、函数的参数、函数体(一系列的操作)以及返回值等信息。创建自定义函数的语法格式为:

```
CREATE FUNCTION 函数名(参数 1,参数 2,…)
RETURNS 返回值的数据类型
[函数选项]
BEGIN
    函数体;
    RETURN 语句;
END;
```

说明:

- 自定义函数是数据库的对象,创建自定义函数时,需要打开数据库。
- 同一个数据库内,自定义函数名不能与已有的函数名(包括系统函数名)重复,函数名不能是关键字。建议在自定义函数名时添加前缀"fn_"或者后缀"_fn"。
- 函数的参数无须使用 DECLARE 命令定义,但它仍然是局部变量,且必须定义参数的数据类型。即使没有参数,"( )"也不能省略,这时的函数为空参数函数。
- 函数必须指定返回值数据类型,且须与 RETURN 语句中的返回值的数据类型一致(如果是字符串数据类型,长度可以不同)。
- 函数体通常是 SQL 语句。
- 函数选项由以下一项或几项组成:

```
LANGUAGE SQL
|[NOT] DETERMINISTIC
|{ CONTAINS SQL | NO SQL | READS SQL DATA | MODIFIES SQL DATA }
|SQL SECURITY { DEFINER | INVOKER }
|COMMENT '注释'
```

函数选项说明如下。

LANGUAGE SQL：默认选项，用于说明函数体使用 SQL 语言编写。

DETERMINISTIC(确定性)：当函数返回不确定值时，该选项是为了防止"复制"时的不一致性。如果函数总是对同样的输入参数产生同样的结果，则被认为它是"确定的"，否则就是"不确定的"。例如函数返回系统当前的时间，返回值是不确定的。如果既没有给定 DETERMINISTIC 也没有给定 NOT DETERMINISTIC，默认的就是 NOT DETERMINISTIC。

CONTAINS SQL：表示函数体中不包含读或写数据的语句(例如 SET 命令等)。

NO SQL：表示函数体中不包含 SQL 语句。READS SQL DATA：表示函数体中包含 SELECT 查询语句，但不包含更新语句。MODIFIES SQL DATA：表示函数体包含更新语句。如果上述选项没有明确指定，默认是 CONTAINS SQL。

SQL SECURITY：用于指定函数的执行许可。

DEFINER：表示该函数只能由创建者调用。INVOKER：表示该函数可以被其他数据库用户调用。默认值是 DEFINER。

COMMENT：为函数添加功能说明等注释信息。

例 6.9 创建自定义函数，根据学号查找学生的姓名。SQL 语句如下，运行结果如图 6-11 所示。

```
DELIMITER  $$
CREATE  FUNCTION  sname_fn(a CHAR(10))
RETURNS  CHAR(10)
READS  SQL DATA
BEGIN
  DECLARE  s  CHAR(10);
  SELECT  姓名  INTO  s  FROM  student  WHERE  学号＝a;
  RETURN  s;
  END;$$
```

```
mysql> DELIMITER  $$
mysql> CREATE FUNCTION sname_fn(a CHAR(10))
    -> RETURNS CHAR(10)
    -> READS SQL DATA
    -> BEGIN
    ->    DECLARE s CHAR(10);
    ->    SELECT 姓名 INTO s FROM student WHERE 学号=a;
    ->    RETURN s;
    ->    END;$$
Query OK, 0 rows affected (0.00 sec)
```

图 6-11　自定义函数运行结果

例 6.10 创建自定义函数，根据学号查找学生所在的班级。在函数体中仍然可以嵌套子查询。SQL 语句如下，运行结果如图 6-12 所示。

```
DELIMITER  $$
CREATE  FUNCTION  sclass_fn(a CHAR(10))
RETURNS  CHAR(10)
READS SQL DATA
```

```
BEGIN
    DECLARE  s  CHAR(10);
    SELECT  班级名称  INTO  s  FROM  course
    WHERE  班级编号＝(SELECT  班级编号
FROM  student
WHERE  学号＝a);
    RETURN  s;
    END;$$
```

```
mysql> DELIMITER  $$
mysql> CREATE  FUNCTION  sclass_fn(a CHAR(10))
    -> RETURNS  CHAR(10)
    -> READS SQL DATA
    -> BEGIN
    ->     DECLARE  s  CHAR(10);
    ->     SELECT  班级名称  INTO  s  FROM  course
    ->     WHERE  班级编号=(SELECT  班级编号
    -> FROM  student
    -> WHERE  学号=a);
    ->     RETURN  s;
    ->     END;$$
Query OK, 0 rows affected (0.00 sec)
```

图 6-12 嵌套子查询的自定义函数

例 6.11   创建自定义函数,根据班级名称统计该班级的学生总人数。SQL 语句如下,运行结果如图 6-13 所示。

```
DELIMITER  $$
CREATE  FUNCTION  cn_fn(a CHAR(20))
RETURNS  INT READS SQL DATA
BEGIN
    DECLARE  s  INT;
    SELECT COUNT(学号) INTO s FROM classes
    JOIN student ON classes.班级编号＝student.班级编号
    WHERE  班级名称＝a;
    RETURN s;
    END;$$
```

```
mysql> DELIMITER  $$
mysql> CREATE  FUNCTION  cn_fn(a CHAR(20))
    -> RETURNS  INT READS SQL DATA
    -> BEGIN
    ->     DECLARE  s  INT;
    ->     SELECT COUNT(学号) INTO s FROM classes
    ->     JOIN student ON classes.班级编号=student.班级编号
    ->     WHERE  班级名称=a ;
    ->     RETURN s;
    ->     END;$$
Query OK, 0 rows affected (0.00 sec)
```

图 6-13 包含连接查询的自定义函数

在自定义函数时,不是所有的函数都需要参数,在使用函数时不需要输入任何数据,则创建函数时不需要定义参数,即空参数函数。

例 6.12 创建了名字为 row_no_fn() 的函数,函数功能是为查询结果集添加行号,SQL 语句如下。

```
DELIMITER $$
CREATE FUNCTION row_no_fn()   RETURNS   INT
NO SQL
BEGIN
  SET  @ row_no= @ row_no+1;
  RETURN  @ row_no;
END;$$
```

6.2.2 自定义函数的调用

调用自定义函数与调用系统函数的方法一样,使用 SELECT 语句,例如,调用例 6.9 的函数 sname_fn 的 SQL 语句为"SELECT sname_fn('01640406');",函数调用时需要输入实际的参数值,参数的个数和数据类型与定义函数时一致。调用函数结果如图 6-14 所示。

图 6-14　根据学号返回姓名

空参数函数调用时不需要传递数据,例如调用例 6.12 的空参数函数,调用结果如图 6-15所示。

图 6-15　空参数函数调用

例 6.13 调用例 6.11 的 cn_fn 函数,返回"19信管1班"的学生人数。执行结果如图 6-16 所示。

```
mysql> SELECT cn_fn('19信管1班');$$
+------------------------+
| cn_fn('19信管1班')     |
+------------------------+
|                      1 |
+------------------------+
```

图 6-16 有参数的函数调用

例 6.14 函数创建与调用：在图书销售管理数据库中，根据书店编号查询该书店图书的上架数量，SQL 语句如下，运行结果如图 6-17 所示。

```
CREATE FUNCTION s_fn(n CHAR(10))
RETURNS CHAR(10)
READS SQL DATA
BEGIN
DECLARE m CHAR(10);
SET m=(SELECT SUM(上架数量) FROM onsale WHERE 书店id=n);
RETURN m;
END;$$
```

```
mysql> CREATE FUNCTION s_fn(n CHAR(10))
    -> RETURNS CHAR(10)
    -> READS SQL DATA
    -> BEGIN
    -> DECLARE m CHAR(10);
    -> SET m=(SELECT SUM(上架数量) FROM onsale WHERE 书店id=n);
    -> RETURN m;
    -> END;$$
Query OK, 0 rows affected (0.00 sec)

mysql> SELECT s_fn(3),s_fn(4);$$
+---------+---------+
| s_fn(3) | s_fn(4) |
+---------+---------+
| 1182    | 1071    |
+---------+---------+
1 row in set (0.00 sec)
```

图 6-17 自定义函数的创建与调用

6.2.3 自定义函数的删除

删除函数使用 SQL 语句"DROP FUNCTION 函数名;"。例如删除 s_fn()函数可以使用"DROP FUNCTION s_fn;"，运行结果如图 6-18 所示。

```
mysql> DROP FUNCTION s_fn;$$
Query OK, 0 rows affected (0.00 sec)
```

图 6-18 删除自定义函数

6.2.4 自定义函数的维护

函数的维护主要是查看函数的定义，常用方法有以下四种：

（1）查看当前数据库中所有的自定义函数信息，可以使用 MySQL 命令"SHOW FUNCTION STATUS;"。

（2）查看指定数据库（例如学生选课数据库 choose）中的所有自定义函数名，可以使用 SQL 语句。

```
SELECT name FROM MySQL.PROC WHERE DB = 'choose' AND TYPE = 'FUNCTION';
```

（3）使用 MySQL 命令"SHOW CREATE FUNCTION 函数名;"可以查看指定函数名的详细信息。例如查看 sname_fn（）函数的详细信息，可以使用"SHOW CREATE FUNCTION sname_fn\G;"。

（4）函数的信息都保存在 INFORMATION_SCHEMA 数据库中的 ROUTINES 表中，可以使用 SELECT 语句检索 ROUTINES 表，查询函数的相关信息。

```
SELECT *  FROM INFORMATION_SCHEMA.ROUTINES WHERE ROUTINE_NAME= 'GET_NAME_FN'\G;
```

 ## 6.3　流程控制语句

MySQL 提供了简单的流程控制语句，其中包括条件控制语句以及循环语句。这些流程控制语句通常放在 BEGIN…END 语句块中使用。条件控制语句分为 IF 语句和 CASE 语句。循环控制语句有 WHILE 语句、REPEAT 语句、LOOP 语句。

6.3.1　条件控制语句

1. IF 语句

IF 语句用来进行条件判断，根据不同的条件执行不同的操作。该语句在执行时首先判断 IF 后的条件是否为真，如果为真则执行 THEN 后的语句，如果为假则继续判断 IF 语句直到为真为止，当以上都不满足时则执行 ELSE 语句后的内容。执行过程如图 6-19 所示。

图 6-19　IF 语句的程序流程图

IF 语句的格式为：

```
IF 条件表达式 1 THEN 语句块 1;
[ELSEIF 条件表达式 2  THEN 语句块 2]...
[ELSE 语句块 n]
END IF;
```

说明：
END IF 后必须以";"结束。

根据判断条件不同，IF 语句使用的格式有以下几种形式：

- 单个判断条件 IF 语句：

```
IF 条件表达式 THEN 语句块;END IF;
```

- 两个判断条件 IF 语句：

```
IF 条件表达式 THEN 语句块 1;
ELSE 语句块 2;
END IF;
```

- 嵌套的 IF 语句：

```
IF  条件   THEN 语句 1
ELSE   IF  条件   THEN 语句 2
      ELSE  IF  条件   THEN 语句 3;  END IF;
      END IF;
END IF;
```

注意：

每个 IF 与最近的 END IF 匹配为 IF 语句。上述嵌套的 IF 语句中有三个 IF 语句。

例6.15 创建自定义函数，求两个数的最大数。SQL 语句如下，调用结果如图6-20所示。

```
CREATE FUNCTION  fn1(a  INT,b  INT)
RETURNS  INT
NO SQL
BEGIN
   IF a>b THEN RETURN  a;
   ELSE   RETURN b;
   END IF;
END;$$
```

```
mysql> CREATE  FUNCTION  fn1(a INT,b INT) RETURNS INT
    -> NO SQL
    -> BEGIN
    ->    IF  a>b THEN RETURN a;
    ->    ELSE RETURN b;
    ->    END IF;
    -> END;$$
Query OK, 0 rows affected (0.01 sec)

mysql> SELECT fn1(3,90);$$

| fn1(3,90) |

        90
```

图 6-20 用 IF 语句求两个数最大数

例6.16 自定义无参数函数，根据系统日期返回礼貌用语。SQL 语句如下，调用结果如图 6-21 所示。

```
CREATE FUNCTION ss6_fn()
RETURNS CHAR(10)
NO SQL
BEGIN
DECLARE m CHAR(10);
IF(HOUR(NOW())>6&&HOUR(NOW())<8) THEN SET m='早上好';
ELSEIF(HOUR(NOW())>=8&&HOUR(NOW())<12) THEN SET m='上午好';
```

```
    ELSEIF(HOUR(NOW())>=12&&HOUR(NOW())<14) THEN SET m='中午好';
    ELSEIF(HOUR(NOW())>=14&&HOUR(NOW())<18) THEN SET m='下午好';
    ELSE SET m='晚上好';
    END IF;
    RETURN m;
    END;$$
    SELECT  NOW(),ss6_fn();
```

```
mysql> SELECT  NOW(), ss6_fn();$$
+---------------------+----------+
| NOW()               | ss6_fn() |
+---------------------+----------+
| 2018-12-16 14:24:05 | 下午好   |
+---------------------+----------+
1 row in set (0.00 sec)
```

图 6-21　多条件 IF 语句

例 6.17　　创建 name_fn() 函数，根据输入的学生学号或者买家的编号返回他们的姓名。SQL 语句如下，调用结果如图 6-22 所示。

```
    DELIMITER  $$
    CREATE FUNCTION name_fn(no CHAR(20),role CHAR(20))
    RETURNS CHAR(20)
    READS SQL DATA
    BEGIN
      DECLARE  name  CHAR(20);
      IF('学生'=ROLE)   THEN
        SELECT 姓名 INTO name FROM student WHERE 学号=no;
      ELSEIF('买家'=ROLE)   THEN
        SELECT 姓名  INTO  name  FROM  buyer  WHERE  买家id=no;
      ELSE  SET name='输入有误！';
      END IF;
    RETURN  name;
    END;$$
```

```
mysql> DELIMITER  $$
mysql> CREATE FUNCTION name_fn(no CHAR(20),role CHAR(20)) RETURNS CHAR(20)
    -> READS SQL DATA
    -> BEGIN
    ->   DECLARE  name  CHAR(20);
    ->   IF('学生'=ROLE)    THEN
    ->     SELECT  姓名 INTO name FROM  student  WHERE  学号=no;
    ->   ELSEIF('买家'=ROLE)    THEN
    ->     SELECT 姓名  INTO  name  FROM  buyer WHERE  买家id=no;
    ->   ELSE  SET name='输入有误！';
    ->   END IF;
    -> RETURN  name;
    -> END;$$
Query OK, 0 rows affected (0.00 sec)

mysql> SELECT name_fn('01640401','学生'),name_fn('buyer1','买家'),name_fn('ss','ss');$$
```

name_fn('01640401','学生')	name_fn('buyer1','买家')	name_fn('ss','ss')
浅浅	彭万里	输入有误！

图 6-22　含 IF 语句的多参数函数调用

此函数定义了两个参数,调用时需要输入两个数据,在函数体中根据用户输入的用户类型去判断,再查询相应的数据表。函数调用的语句为"SELECT name_fn('01640401','学生'),name_fn('buyer1','买家'),name_fn('ss','ss');$$"。

2. CASE 语句

CASE 语句用于实现比 IF 语句分支更为复杂的条件判断。MySQL 中的 CASE 语句与 C 语言、Java 语言等高级程序设计语言不同。在高级程序设计语言中,每个 CASE 的分支需使用"BREAK"跳出,而 MySQL 无须使用"BREAK"语句。流程图如图 6-23 所示。

图 6-23　CASE 语句的程序流程图

语法格式为:

```
CASE 表达式
WHEN VALUE1 THEN  语句块 1;
WHEN VALUE2 THEN  语句块 2;
…
ELSE 语句块 n;
END  CASE;
```

例 6.18　创建 get_week_fn() 函数,使该函数根据 MySQL 服务器的系统时间打印星期几。

```
DELIMITER  $$
CREATE FUNCTION get_week_fn(week_no INT) RETURNS CHAR(20)
NO SQL
BEGIN
   DECLARE  week  CHAR(20);
   CASE week_no
       WHEN 0 THEN SET week='星期一';
WHEN 1 THEN SET week='星期二';
WHEN 2 THEN SET week='星期三';
WHEN 3 THEN SET week='星期四';
WHEN 4 THEN SET week='星期五';
ELSE SET week='今天休息';
   END CASE;
   RETURN  week;
END;$$
```

调用函数语句为"SELECT now(),get_week_fn(weekday(now()));",调用函数结果如图 6-24 所示。

mysql> SELECT now(),get_week_fn(weekday(now()));$$	
now()	get_week_fn(weekday(now()))
2018-12-16 14:43:03	今天休息

图 6-24   含 CASE 语句的函数调用

6.3.2　循环语句

MySQL 提供了三种循环语句,分别是 WHILE、REPEAT 以及 LOOP。除此以外,MySQL 还提供了 ITERATE 语句以及 LEAVE 语句用于循环的内部控制。

1. WHILE 语句

当条件表达式的值为 TRUE 时,反复执行循环体,直到条件表达式的值为 FALSE,程序流程图如图 6-25 所示。

图 6-25　WHILE 语句的程序流程图

WHILE 语句的语法格式如下:

```
[循环标签:]WHILE 条件表达式 DO
循环体;
END WHILE [循环标签];
```

说明:

END WHILE 后必须以";"结束。

例 6.19　创建 sum1_fn()函数,返回 1～n(n>1)的整数和。SQL 语句如下,运行及调用结果如图 6-26 所示。

```
DELIMITER  $$
CREATE FUNCTION  sum1_fn(n  INT)
RETURNS INT
NO SQL
BEGIN
    DECLARE  sum  INT DEFAULT 0;
    DECLARE  i  INT  DEFAULT  0;
WHILE i<n  DO
    SET  i=i+1;
```

```
    SET   sum＝sum＋i;
    END WHILE;
    RETURN   sum;
END;$$
```

图 6-26　前 n 项整数和

2. REPEAT 语句

当条件表达式的值为 FALSE 时,反复执行循环体,直到条件表达式的值为 TRUE,
REPEAT 语句的语法格式为:

```
[循环标签:]REPEAT
循环体;
UNTIL 条件表达式
END REPEAT[循环标签];
```

说明:
END REPEAT 后必须以";"结束。

例 6.20 创建 sum3_fn 函数,使用 REPEAT 循环语句实现 1~n(n＞1)的整数和。
SQL 语句如下。

```
DELIMITER  $$
CREATE FUNCTION  sum3_fn(n INT)
RETURNS INT
NO SQL
BEGIN
   DECLARE  sum  INT  DEFAULT 0;
   DECLARE  start  INT  DEFAULT  0;
REPEAT
   SET  start＝start＋1;
SET  sum＝sum＋start;
UNTIL START＝n
   END REPEAT;
   RETURN sum;
END;$$
```

调用函数语句为"SELECT sum3_fn(100);",调用该函数后,可以计算 $1+2+3+\cdots+$ 100 的和,调用结果如图 6-27 所示。

图 6-27 100 以内的整数和

3. LEAVE 语句

LEAVE 语句用于跳出当前的循环语句,语法格式为:

```
LEAVE 循环标签;
```

说明:

LEAVE 循环标签后必须以";"结束。

例 6.21 创建 sum4_fn 函数,计算 n(n>1)以内的累加,其中,ADD_NUM 为循环标签。

```
DELIMITER $$
CREATE FUNCTION  sum4_fn(n INT) RETURNS INT
NO SQL
BEGIN
   DECLARE  sum  INT  DEFAULT 0;
   DECLARE  start  INT  DEFAULT  0;
ADD_NUM:WHILE  TRUE  DO
   SET  start=start+1;
   SET  sum=sum+start;
IF(start=n) THEN LEAVE  ADD_NUM;END IF;
   END WHILE ADD_NUM;
   RETURN sum;
END;$$
```

调用函数语句为"SELECT sum4_fn(100);"。

4. ITERATE 语句

ITERATE 语句用于跳出本次循环,继而进行下次循环。ITERATE 语句的语法格式为:

```
ITERATE 循环标签;
```

说明:

ITERATE 循环标签后必须以";"结束。

例 6.22 创建 sum5_fn 函数,使该函数返回 $1\sim n(n>1)$ 能被 9 整除的数之和。 SQL 语句如下,运行及调用结果如图 6-28 所示。

```
DELIMITER $$
CREATE FUNCTION  sum5_fn(n INT) RETURNS INT
NO SQL
BEGIN
   DECLARE  sum  INT  DEFAULT 0;
   DECLARE  start  INT  DEFAULT  0;
ADD_NUM:WHILE start<n   DO
```

```
       SET   start=start+1;
   IF(start% 9=0) THEN SET   sum=sum+start;
   ELSE
      ITERATE ADD_NUM;
   END IF;
   END WHILE ADD_NUM;
   RETURN sum;
   END;$$
```

```
mysql> DELIMITER $$
mysql> CREATE FUNCTION  sum5_fn (n INT) RETURNS INT
    -> NO SQL
    -> BEGIN
    ->    DECLARE  sum  INT  DEFAULT 0;
    ->    DECLARE  start  INT DEFAULT  0;
    -> ADD_NUM:WHILE start<n   DO
    ->    SET  start=start+1;
    -> IF(start%9=0) THEN SET  sum=sum+start;
    -> ELSE
    ->    ITERATE ADD_NUM;
    -> END IF;
    -> END WHILE ADD_NUM;
    -> RETURN sum;
    -> END;$$
Query OK, 0 rows affected (0.00 sec)

mysql> SELECT sum5_fn(20),sum5_fn(100);$$
+-------------+--------------+
| sum5_fn(20) | sum5_fn(100) |
+-------------+--------------+
|          27 |          594 |
+-------------+--------------+
```

图 6-28   ITERATE 的用法

5. LOOP 语句的语法格式

由于 LOOP 循环语句本身没有停止循环的语句,因此 LOOP 通常使用 LEAVE 语句跳出 LOOP 循环,LOOP 的语法格式为:

```
［循环标签:］LOOP
循环体;
IF 条件表达式 THEN
LEAVE［循环标签］;
END IF;
END LOOP;
```

说明:
END LOOP 后必须以";"结束。

例 6.23   创建 sum6_fn 函数,实现 $1 \sim n(n>1)$ 既能被 6 整除又能被 7 整除的数的求和运算。SQL 语句如下。

```
DELIMITER  $$
CREATE FUNCTION sum6_fn(n INT) RETURNS INT
NO SQL
BEGIN
   DECLARE  sum  INT   DEFAULT 0;
```

```
        DECLARE  start  INT  DEFAULT  0;
ADD_NUM:LOOP
        SET  start＝start＋1;
        IF(start% 6＝0 and start% 7＝0) THEN
SET  sum＝sum＋start;
END IF;
        IF(start＝n)  THEN
LEAVE ADD_NUM;
END IF;
        END LOOP;
RETURN sum;
END;$$
```

调用函数语句为"SELECT　sum6_fn(20);",可以多次调用该函数,调用结果如图 6-29 所示。

图 6-29　含 LOOP 语句的函数调用结果

6.4　系统函数

MySQL 数据库内置了许多功能丰富的系统函数,这些函数不需要定义,用户可以直接调用。系统函数主要包括数学函数、字符串函数、日期和时间函数、条件判断函数、系统信息函数、安全设置加密函数等。这些函数不但可以在 SELECT 查询语句中被调用,也可以在 INSERT、UPDATE 和 DELECT 等语句中使用。

6.4.1　数学函数

数学函数用于处理数值类型的数据,实现更加复杂的数学运算。为了便于学习,将数学函数归纳为求近似值函数、指数函数和对数函数、随机函数、三角函数及二进制、十六进制函数等,作用如表 6-7 所示。

表 6-7　MySQL 的数学函数

	函　　数	作　　　　用
求近似值函数	ROUND(x)	返回离 x 最近的整数
	ROUND(x,y)	计算离 x 最近的小数(小数点后保留 y 位)
	FORMAT(x,y)	返回小数点后保留 y 位的 x(进行四舍五入)
	TRUNCATE(x,y)	返回数值 x 保留到小数点后 y 位小数
	CEIL(x)	返回大于等于 x 的最小整数
	FLOOR(x)	返回小于等于 x 的最大整数

函　　数	作　　用
POW(x,y)	返回 x 的 y 乘方的结果值
SQRT(x)	返回非负数 x 的二次方根
EXP(x)	返回 e 的 x 乘方后的值(自然对数的底)
LOG(x)	返回 x 的基数为 2 的对数
LOG10(x)	返回 x 的基数为 10 的对数
RAND()	返回 0～1 的随机数
PI()	返回(pi)的值。默认的显示小数位数是 7 位
RADIANS(x)	将角度转换为弧度
DEGREES(x)	返回参数 x,该参数由弧度转化为度
SIN(x)	返回 x 正弦,其中 x 在弧度中被给定
ASIN(x)	返回 x 的反正弦,即正弦为 x 的值。 若 x 不在-1～1 的范围之内,则返回 NULL
COS(x)	返回 x 的余弦,其中 x 在弧度上已知
ACOS(x)	返回 x 的反余弦,即余弦是 x 的值。 若 x 不在-1～1 的范围之内,则返回 NULL
TAN(x)	返回 x 的正切
COT(x)	返回 x 的余切
BIN(x)	二进制函数
OCT(x)	八进制函数
HEX(x)	十六进制函数
ABS(x)	返回 x 的绝对值
MOD(x,y)	返回 x 除以 y 以后的余数

左侧分类列:
- 指数函数、对数函数:POW(x,y), SQRT(x), EXP(x), LOG(x), LOG10(x)
- 随机函数:RAND()
- 三角函数:PI(), RADIANS(x), DEGREES(x), SIN(x), ASIN(x), COS(x), ACOS(x), TAN(x), COT(x)
- 二进制、十六进制函数:BIN(x), OCT(x), HEX(x)
- 绝对值函数:ABS(x)
- 求余函数:MOD(x,y)

例 6.24 使用 ABS(x)函数来求 5 和-5 的绝对值,应用 FLOOR(x)函数求小于或等于 1.5 及-2.1 的最大整数,使用 RAND()函数获取 1 个随机数,运行结果如图 6-30 所示。

```
mysql> SELECT ABS(5),ABS(-5),FLOOR(1.5),FLOOR(-2.1),RAND();

 ABS(5)   ABS(-5)   FLOOR(1.5)   FLOOR(-2.1)   RAND()

      5         5            1            -3   0.18889523222008275

1 row in set (0.00 sec)
```

图 6-30　SELECT 调用数学函数

例 6.25 使用 ROUND(x)函数获取离 2.52547 最近的整数,使用 ROUND(x,y)函数获取离 2.12547 最近的小数(小数点后保留 2 位),使用 FORMAT(x,y)函数获取小数点后保留 2 位的 2.12547,使用 TRUNCATE(x,y)函数获取保留到小数点后 2 位小数的 2.12547,调用结果如图 6-31 所示。

```
mysql> SELECT ROUND(2.52547), ROUND(2.12547, 2),
    -> FORMAT(2.12547, 2), TRUNCATE(2.12547, 2);
```

ROUND(2.52547)	ROUND(2.12547, 2)	FORMAT(2.12547, 2)	TRUNCATE(2.12547, 2)
3	2.13	2.13	2.12

图 6-31　求近似值函数调用

例 6.26　计算学生选课表中每位学生的平时成绩,保留两位小数。SQL 语句如下,运行结果如图 6-32 所示。

```
SELECT 学号,ROUND(AVG(成绩),2) 平均成绩 1,
            FORMAT(AVG(成绩),2) 平均成绩 2,
            TRUNCATE(AVG(成绩),2) 平均成绩 3
FROM choose  GROUP BY  学号;
```

```
mysql> SELECT 学号,ROUND(AVG(成绩),2) 平均成绩1,FORMAT(AVG(成绩),2) 平均成绩2,
    -> TRUNCATE(AVG(成绩),2) 平均成绩3 FROM choose GROUP BY  学号;
```

学号	平均成绩1	平均成绩2	平均成绩3
01640401	55.00	55.00	55.00
01640402	77.00	77.00	77.00
01640403	88.50	88.50	88.50
01640404	81.00	81.00	81.00
01640405	NULL	NULL	NULL

图 6-32　求近似值

例 6.27　使用 SQRT(x)函数求 16 和 25 的平方根,其语句如下。

```
SELECT SQRT(16),SQRT(25);
```

例 6.28　对 MOD(31,8),MOD(234,10),MOD(45.5,6)进行求余运算,SQL 语句如下,运行结果如图 6-33 所示。

```
SELECT MOD(31,8),MOD(234,10),MOD(45.5,6);
```

```
mysql>  SELECT MOD(31,8),MOD(234, 10),MOD(45.5,6);
```

MOD(31,8)	MOD(234, 10)	MOD(45.5,6)
7	4	3.5

图 6-33　求余函数调用

6.4.2　字符串函数

MySQL 提供了非常多的字符串函数,主要对字符串进行操作。字符串函数可归纳为字符串基本信息函数、字符串连接函数、字符串修剪函数、取子串函数、字符串替换函数、字符串查找函数等,字符串函数含义如表 6-8 所示。

表 6-8　MySQL 的字符串函数

类　型	函　数	作　用
字符串基本信息函数	CHAR_LENGTH(s)	返回字符串 s 的字符数
	LENGTH(s)	返回值为字符串 s 的长度
字符串连接函数	CONCAT(s1,s2,…)	字符串连接函数
	CONCAT_WS(x,s1,s2,…)	同 CONCAT(s1,s2,…) 函数,但是每个字符串之间要加上 x
字符串替换函数	INSERT(s1,x,len,s2)	用字符串 s2 替换 s1 的 x 位置开始长度为 len 的字符串
	REPLACE(s,s1,s2)	用字符串 s2 替代字符串 s 中的字符串 s1
	UPPER(s),UCASE(s)	将字符串 s 的所有字母都变成大写字母
	LOWER(s),LCASE(s)	将字符串 s 的所有字母都变成小写字母
取字符串函数	SUBSTRING(s,n,len)	从字符串 s 中的第 n 个位置开始取长度为 len 的字符串
	MID(s,n,len)	同 SUBSTRING(s,n,len)
	LEFT(s,n)	返回从字符串 s 开始的最左 n 字符
	RIGHT(s,n)	从字符串 s 开始,返回最右 n 字符
字符串修剪函数	LPAD(s1,len,s2)	返回字符串 s1，其左边由字符串 s2 填补到 len 字符长度。假如 s1 的长度大于 len，则返回值被缩短至 len 字符
	RPAD(s1,len,s2)	返回字符串 s1,其右边被字符串 s2 填补至 len 字符长度。假如字符串 s1 的长度大于 len，则返回值被缩短到与 len 字符相同长度
	LTRIM(s)	返回字符串 s ,其引导空格字符被删除
	RTRIM(s)	返回字符串 s ,结尾空格字符被删去
	TRIM(s)	去掉字符串 s 开始处和结尾处的空格
	TRIM(s1 FROM s)	去掉字符串 s 中开始处和结尾处的字符串 s1
字符串复制函数	REPEAT(s,n)	将字符串 s 重复 n 次
	SPACE(n)	返回 n 个空格
字符串比较函数	STRCMP(s1,s2)	比较字符串 s1 和 s2
字符串查找函数	FIELD(s,s1,s2,…)	返回第一个与字符串 s 匹配的字符串的位置
	ELT(n,s1,s2,…)	返回第 n 个字符串
	LOCATE(s1,s),POSITION(s1 IN s)	从字符串 s 中获取 s1 的开始位置
	INSTR(s,s1)	从字符串 s 中获取 s1 的开始位置
	FIND_IN_SET(s1,s2)	返回在字符串 s2 中与 s1 匹配的字符串的位置
字符串逆序函数	REVERSE(s)	将字符串 s 的顺序反过来

1. 字符串基本信息函数

CHAR_LENGTH(s)函数返回值为字符串 s 所包含的字符个数。一个多字节字符算作一个单字符。

LENGTH(s)函数用于获取字符串 s 占用的字节数。

例 6.29 使用 CHAR_LENGTH 函数、LENGTH 函数计算字符串字符数和字节数,SQL 语句如下,运行结果如图 6-34 所示。

```
SELECT CHAR_LENGTH('date') 字符数,LENGTH('date') 字节数,
CHAR_LENGTH('MySQL 数据库') 字符数,LENGTH('MySQL 数据库') 字节数;
```

```
mysql> SELECT CHAR_LENGTH('date') 字符数, LENGTH('date') 字节数,
    -> CHAR_LENGTH('MySQL数据库') 字符数,LENGTH('MySQL数据库') 字节数;
```

字符数	字节数	字符数	字节数
4	4	8	14

图 6-34 输出字符长度和字节数

2. 字符串连接函数

CONCAT(s1,s2,…)函数用于将 s1、s2 等若干个字符串连接成一个新字符串;如有任何一个参数为 NULL,则返回值为 NULL。

CONCAT_WS(s,s1,s2,…)函数使用 x 将 s1、s2 等若干个字符串连接成一个新字符串。

例 6.30 使用 CONCAT、CONCAT_WS 函数连接字符串,SQL 语句如下,运行结果如图 6-35 所示。

```
SELECT CONCAT('MySQL','5.5') c1,CONCAT('My',NULL,'SQL') c2,
CONCAT_WS('-','1st','2nd','3rd') c3,CONCAT_WS('* ','1st',NULL,'3rd') c4;
```

```
mysql> SELECT CONCAT('MySQL','5.5') c1,CONCAT('My',NULL,'SQL') c2,
    -> CONCAT_WS('-','1st','2nd','3rd') c3,CONCAT_WS('*','1st',NULL,'3rd') c4;
```

c1	c2	c3	c4
MySQL5.5	NULL	1st-2nd-3rd	1st*3rd

1 row in set (0.00 sec)

图 6-35 字符串连接

3. 字符串替换函数

INSERT(s1,x,len,s2)将字符串 s1 中从 x 位置开始、长度为 len 的子字符串替换为 s2。

REPLACE(s,s1,s2)用字符串 s2 替换 s 中所有出现的字符串 s1,最后返回替换后的字符串。

UPPER(s)函数将字符串 s 中的所有字母变成大写字母。

LOWER(s)函数将字符串 s 中的所有字母变成小写字母。

例 6.31 使用 INSERT、REPLACE 函数将字符串"我喜欢 C＋＋"替换为"我喜欢数据库",SQL 语句如下,运行结果如图 6-36 所示。

```
SELECT INSERT('我喜欢 C++',4,3,'数据库') 字符串替换 1,
REPLACE('我喜欢 C++','C++','数据库') 字符串替换 2;
```

图 6-36　字符串替换

4. 取字符串函数

LEFT(s,n)函数返回字符串 s 的前 n 个字符；

RIGHT(s,n)函数返回字符串 s 的后 n 个字符。

SUBSTRING(s,n,len)函数从字符串 s 的第 n 个位置开始获取 len 长度的字符串。

例 6.32　从字符串"mrbccd"的第 3 位开始取 4 个字符,从字符串"football"的末尾取 4 个字符,取字符串"mrbccd"的前 2 个字符,SQL 语句如下,运行结果如图 6-37 所示。

```
SELECT SUBSTRING('mrbccd',3,4),RIGHT('football',4),LEFT('mrbccd',2);
```

```
mysql> SELECT SUBSTRING('mrbccd',3,4),RIGHT('football', 4) ,LEFT('mrbccd',2);
| SUBSTRING('mrbccd',3,4) | RIGHT('football', 4) | LEFT('mrbccd',2) |
| bccd                    | ball                 | mr               |
1 row in set (0.00 sec)
```

图 6-37　取字符串

5. 字符串修剪函数

LTRIM(s)函数用于去掉字符串 s 开头的所有空格字符；

RTRIM(s)函数用于去掉字符串 s 结尾的所有空格字符；

TRIM(s)函数用于去掉字符串 s 开头以及结尾的所有空格字符。

LPAD(s1,len,s2)函数返回字符串 s1,其左边由字符串 s2 填补到 len 字符长度。如果 s1 的长度大于 len,则 s1 被缩短至 len 字符。

RPAD(s1,len,s2)函数返回字符串 s1,其右边被字符串 s2 填补至 len 字符长度。假如字符串 s1 的长度大于 len,则 s1 被缩短到 len 字符。

例 6.33　去掉字符串"　　my dre　"左右空格,把"my"修补为"your and my dream",运行结果如图 6-38 所示。

```
mysql> SELECT LTRIM('   my dre '),RTRIM('   my dre '),TRIM('   my dre ');
| LTRIM('   my dre ') | RTRIM('   my dre ') | TRIM('   my dre ') |
| my dre              |    my dre          | my dre             |
1 row in set (0.00 sec)

mysql> SELECT LPAD(RPAD('my ',8,'dream'),17,'your and ');
| LPAD(RPAD('my ',8,'dream'),17,'your and ') |
| your and my dream                          |
1 row in set (0.00 sec)
```

图 6-38　修剪字符串

6. 字符串查找函数

LOCATE(s1,s)函数、POSITION(s1 IN s)函数、INSTR(s,s1)函数都是用于从字符串 s 中获取 s1 的开始位置。

ELT(n,s1,s2,…)函数返回第 n 个字符串,若 n 小于 1 或大于参数的数目,则返回值为 NULL。

FIELD(s,s1,s2,…)函数返回第一个与字符串 s 匹配的字符串的位置。

FIND_IN_SET(s1,s2)返回字符串 s1 在字符串列表 s2 中出现的位置,如果 s1 不在 s2 中或 s2 为空字符串,则返回值为 0。如果任意一个参数为 NULL,则返回值为 NULL。

例 6.34 查找字符串运行结果如图 6-39 所示。

```
mysql> SELECT LOCATE('ball','football') 结果1,
    -> POSITION('ball' IN 'football') 结果2, INSTR ('football', 'ball') 结果3,
    -> ELT(3,'1st','2nd','3rd') 结果4, ELT(3,'net','os') 结果5,
    -> FIELD('mr', 'mrsoft', 'mrkj', 'mrbccd', 'mr') 结果6,
    -> FIND_IN_SET('Hi', 'hihi,Hey,Hi,bas') 结果7;
```

结果1	结果2	结果3	结果4	结果5	结果6	结果7
5	5	5	3rd	NULL	4	3

```
1 row in set (0.00 sec)
```

图 6-39　查找字符串

7. 字符串复制函数

REPEAT(s,n)函数产生一个新字符串,该字符串的内容是字符串 s 的 n 次复制;

SPACE(n)函数产生一个新字符串,该字符串的内容是空格字符的 n 次复制。

8. 字符串比较函数

STRCMP(s1,s2)函数用于比较两个字符串 s1 和 s2,比较结果如图 6-40 所示。

如果 s1>s2,函数返回值为 1;

如果 s1=s2,函数返回值为 0;

如果 s1<s2,函数返回值为-1。

```
mysql> SELECT STRCMP("abd","add"),STRCMP("abd","abd"),STRCMP("abd","aad");
```

STRCMP("abd","add")	STRCMP("abd","abd")	STRCMP("abd","aad")
-1	0	1

```
1 row in set (0.00 sec)
```

图 6-40　字符串比较

9. 数据类型转换函数

CONVERT(s,type)可以实现数据类型的转换,以 type 数据类型返回 s 数据。

CAST(s AS type)函数转换数据类型。

10. REVERSE(s)函数

REVERSE(s)函数将字符串 s 的顺序反过来。

6.4.3 日期和时间函数

日期和时间函数主要用于日期和时间的数据操作。MySQL 内置的日期和时间函数及其作用如表 6-9 所示。

表 6-9 MySQL 的日期和时间函数

函　数	作　用
CURDATE(),CURRENT_DATE()	返回当前日期
CURTIME(),CURRENT_TIME()	返回当前时间
NOW()	返回当前日期和时间
UNIX_TIMESTAMP()	以 UNIX 时间戳的形式返回当前时间
UNIX_TIMESTAMP(d)	将时间 d 以 UNIX 时间戳的形式返回
FROM_UNIXTIME(d)	把 UNIX 时间戳的时间转换为普通格式的时间
UTC_DATE()	返回 UTC(coordinated universal time,国际协调时间)日期
UTC_TIME()	返回 UTC 时间
MONTH(d)	返回日期 d 中的月份值,范围是 1~12
MONTHNAME(d)	返回日期 d 中的月份名称,如 January、February
DAYNAME(d)	返回日期 d 是星期几,如 Monday、Tuesday 等
DAYOFWEEK(d)	返回日期 d 是星期几,1 表示星期日,2 表示星期一等
WEEKDAY(d)	返回日期 d 是星期几,0 表示星期一,1 表示星期二等
WEEK(d)	计算日期 d 是本年的第几个星期,范围是 0~53
WEEKOFYEAR(d)	计算日期 d 是本年的第几个星期,范围是 1~53
DAYOFYEAR(d)	计算日期 d 是本年的第几天
DAYOFMONTH(d)	计算日期 d 是本月的第几天
YEAR(d)	返回日期 d 中的年份值
QUARTER(d)	返回日期 d 是第几季度,范围是 1~4
HOUR(t)	返回时间 t 中的小时值
MINUTE(t)	返回时间 t 中的分钟值
SECOND(t)	返回时间 t 中的秒钟值
EXTRACT(type FROM d)	从日期 d 中获取指定的值,type 指定返回的值,如 YEAR、HOUR 等
TIME_TO_SEC(t)	将时间 t 转换为秒
SEC_TO_TIME(s)	将以秒为单位的时间 s 转换为时分秒的格式
TO_DAYS(d)	计算日期 d~0000 年 1 月 1 日的天数
FROM_DAYS(n)	计算从 0000 年 1 月 1 日开始 n 天后的日期
DATEDIFF(d1,d2)	计算日期 d1~d2 之间相隔的天数
ADDDATE(d,n)	计算起始日期 d 加上 n 天的日期

函　　数	作　　用
ADDDATE(d,INTERVAL expr type)	计算起始日期 d 加上一个时间段后的日期
DATE_ADD(d,INTERVAL expr type)	同 ADDDATE(d,INTERVAL expr type)
SUBDATE(d,n)	计算起始日期 d 减去 n 天后的日期
SUBDATE(d,INTERVAL expr type)	计算起始日期 d 减去一个时间段后的日期
ADDTIME(t,n)	计算起始时间 t 加上 n 秒的时间
SUBTIME(t,n)	计算起始时间 t 减去 n 秒的时间
DATE_FORMAT(d,f)	按照表达式 f 的要求显示日期 d
TIME_FORMAT(t,f)	按照表达式 f 的要求显示时间 t
GET_FORMAT(type,s)	根据字符串 s 获取 type 类型数据的显示格式

1. 返回系统当前时间函数

CURDATE()函数和 CURRENT_DATE()函数获取当前日期。

CURTIME()函数和 CURRENT_TIME()函数获取当前时间。

NOW()函数获取当前日期和时间。还有 CURRENT_TIMESTAMP()函数、LOCALTIME()函数、SYSDATE()函数和 LOCALTIMESTAMP()函数也同样可以获取当前日期和时间。

例 6.35　　使用 NOW()函数、CURDATE()函数、CURRENT_TIME()函数获取当前系统日期和时间,运行结果如图 6-41 所示。

图 6-41　系统当前时间

2. 获取时间信息函数

YEAR(d)函数、MONTH(d)函数、DAYOFMONTH(d)函数、HOUR(t)函数、MINUTE(t)函数、SECOND(t)函数分别用于获取日期时间的年、月、日、时、分、秒等信息。

MONTHNAME(d)函数用于获取日期时间 d 的月份信息。

DAYNAME(d)函数与 WEEKDAY(d)函数用于获取日期时间 d 的星期信息;

DAYOFWEEK(d)函数用于获取日期时间 d 是本星期的第几天(星期日为第一天,以此类推)。

3. 日期加减函数

DATEDIFF(d1,d2)函数用于计算日期 d1 与 d2 之间相隔的天数。

ADDDATE(d,n)函数用于返回起始日期 d 加上 n 天的日期。

SUBDATE(d,n)函数返回起始日期 d 减去 n 天的日期。

例 6.36 返回"2018-02-16"加上 13 天的日期,返回 2015-02-16 减去 6 天后的日期,返回日期"2019-6-1"与"2019-3-1"之间相隔的天数。SQL 语句如下,运行结果如图 6-42 所示。

```
SELECT ADDDATE('2018-02-16',13)
DATEDIFF('2019-06-1','2019-03-1'),
SUBDATE('2015-02-16',6);
```

```
mysql> SELECT ADDDATE('2018-02-16',13),DATEDIFF('2019-06-1','2019-03-1'),SUBDATE('2015-02-16',6);
ADDDATE('2018-02-16',13) | DATEDIFF('2019-06-1','2019-03-1') | SUBDATE('2015-02-16',6)
2018-03-01               |                               92 | 2015-02-10
1 row in set (0.00 sec)
```

图 6-42 日期加减函数调用

6.4.4 条件判断函数

条件函数用来在 SQL 语句中进行条件判断。根据不同的条件,执行不同的 SQL 语句。MySQL 支持的条件判断函数及作用如表 6-10 所示。

表 6-10 MySQL 的条件判断函数

函 数	作 用
IF(expr,v1,v2)	如果表达式 expr 成立,则执行 v1;否则执行 v2
IFNULL(v1,v2)	如果 v1 不为空,则显示 v1 的值;否则显示 v2 的值
CASE WHEN expr1 THEN v1 [WHEN expr2 THEN v2 …][ELSE vn] END	CASE 表示函数开始,END 表示函数结束。如果表达式 expr1 成立,则返回 v1 的值;如果表达式 expr2 成立,则返回 v2 的值。依次类推,最后遇到 ELSE 时,返回 vn 的值。它的功能与 PHP 中的 SWITCH 语句类似
CASE expr WHEN e1 THEN v1 [WHEN e2 THEN v2 …][ELSE vn] END	CASE 表示函数开始,END 表示函数结束。如果表达式 expr 取值为 e1,则返回 v1 的值;如果表达式 expr 取值为 e2,则返回 v2 的值,依次类推,最后遇到 ELSE,则返回 vn 的值

例 6.37 调用 IF() 函数,SQL 语句如图 6-43 所示。

```
mysql> SELECT IF(1>2,2,3),
    -> IF(1<2,'yes','no'),
    -> IF(STRCMP('test','test1'),'no','yes');
IF(1>2,2,3) | IF(1<2,'yes','no') | IF(STRCMP('test','test1'),'no','yes')
          3 | yes                | no
1 row in set (0.00 sec)
```

图 6-43 调用 IF 函数

例 6.38 使用 IFNULL() 函数进行条件判断,SQL 语句如下:

```
SELECT IFNULL(1,2),IFNULL(NULL,10),IFNULL(1/0,'wrong');
```

IFNULL(1,2)虽然第二个值也不为空,但返回结果依然是第一个值;IFNULL(NULL,10)第一个值为空,因此返回 10;"1/0"的结果为空,因此 IFNULL(1/0,'wrong')返回字符串"wrong"。

例 6.39　使用 CASE value WHEN 语句执行分支操作,SQL 语句如下。

```
SELECT CASE 2 WHEN 1 THEN 'one' WHEN 2 THEN 'two' ELSE 'more' END;
```

例 6.40　将学生选课表中的成绩百分制转换为等级制,成绩在 90～100 之间的为优秀,成绩在 80～89 之间的为良好,成绩在 70～79 之间的为中等,成绩在 60～69 之间的为及格,其他为不及格。使用 CASE 函数实现,SQL 语句如下,运行结果如图 6-44 所示。

```
SELECT 学号,成绩,CASE truncate(成绩/10,0)
WHEN 10 THEN '优秀'
WHEN 9 THEN '优秀'
WHEN 8 THEN '良好'
WHEN 7 THEN '中等'
WHEN 6 THEN '及格'
ELSE '不及格'
END   等级
FROM  choose;
```

```
mysql> SELECT 学号,成绩,CASE truncate(成绩/10,0) WHEN 10 THEN '优秀'
    -> WHEN 9 THEN '优秀' WHEN 8 THEN '良好' WHEN 7 THEN '中等'
    -> WHEN 6 THEN '及格'  ELSE '不及格'  END  等级 FROM choose;
+----------+--------+--------+
| 学号     | 成绩   | 等级   |
+----------+--------+--------+
| 01640401 |     54 | 不及格 |
| 01640401 |     45 | 不及格 |
| 01640401 |     66 | 及格   |
| 01640402 |     77 | 中等   |
| 01640403 |     85 | 良好   |
| 01640403 |     92 | 优秀   |
| 01640404 |     81 | 良好   |
| 01640405 |   NULL | 不及格 |
+----------+--------+--------+
8 rows in set (0.00 sec)
```

图 6-44　表的数据作为 CASE 函数的参数

6.4.5　系统信息函数

系统信息函数用来查询 MySQL 数据库的系统信息。例如,查询数据库的版本,查询数据库的当前用户等。系统信息函数的作用如表 6-11 所示。

表 6-11　MySQL 的系统信息函数

函　　数	作　　用	示　　例
VERSION()	获取数据库的版本号	SELECT VERSION();
CONNECTION_ID()	获取服务器的连接数	SELECT CONNECTION_ID();
DATABASE(),SCHEMA()	获取当前数据库名	SELECT DATABASE(),SCHEMA();
USER(),SYSTEM_USER(), SESSION_USER()	获取当前用户	SELECT USER(),SYSTEM_USER();
CURRENT_USER()	获取当前用户	SELECT CURRENT_USER();
CHARSET(str)	获取字符串 str 的字符集	SELECT CHARSET('mrsoft');
COLLATION(str)	获取字符串 str 的字符排列方式	SELECT COLLATION('mrsoft');

函　　数	作　　用	示　　例
LAST_INSERT_ID()	获取最近生成的 AUTO_INCREMENT 值	SELECT LAST_INSERT_ID();

6.4.6　安全设置加密函数

加密函数是 MySQL 中用来对数据进行加密的函数。因为数据库中有些很敏感的信息不希望被其他人看到，所以就可以通过加密的方式来使这些数据变成看似乱码的数据。加密函数的作用如表 6-12 所示。

表 6-12　MySQL 的加密函数

函　　数	作　　用	示　　例
PASSWORD(str)	对字符串 str 进行加密。经此函数加密后的数据是不可逆的。其经常用于对用户注册的密码进行加密处理	对字符串 mrsoft 进行加密，其语句如下： SELECT PASSWORD('mrsoft');
MD5(str)	对字符串 str 进行加密。经常用于对普通数据进行加密	使用 MD5()函数对 mrsoft 字符串进行加密，其语句如下： SELECT MD5('mrsoft');
ENCODE (str,pswd_str)	使用字符串 pswd_str 来加密字符串 str。加密的结果是一个二进制数，必须使用 BLOB 类型的字段来保存它	使用字符串 mr 对 mrsoft 进行加密处理，其语句如下： SELECT ENCODE('mrsoft','mr');
DECODE (crypt_str,pswd_str)	使用字符串 pswd_str 来为 crypt_str 解密。crypt_str 是通过 ENCODE(str, pswd_str)加密后的二进制数据。字符串 pswd_str 应该与加密时的字符串 pswd_str 是相同的	应用 DECODE 函数对经过 ENCODE 函数加密的字符串进行解密，其语句如下： SELECT DECODE (ENCODE ('mrsoft','mr'),'mr');

6.4.7　其他函数

MySQL 中除了上述内置函数以外，还包含很多函数。例如，数字格式化函数 FORMAT(x,n)、IP 地址与数字的转换函数 INET_ATON(IP)，还有加锁函数 GET_LOCK(name,time)、解锁函数 RELEASE_LOCK(name)等。表 6-13 罗列了 MySQL 支持的其他函数。

表 6-13　MySQL 的其他函数

函　　数	作　　用
FORMAT(x,n)	将数字 x 进行格式化，将 x 保留到小数点后 n 位。这个过程需要进行四舍五入
ASCII(s)	ASCII(s)返回字符串 s 的第一个字符的 ASCII 码
BIN(x)	BIN(x)返回 x 的二进制编码
HEX(x)	HEX(x)返回 x 的十六进制编码
OCT(x)	OCT(x)返回 x 的八进制编码
CONV(x,f1,f2)	CONV(x,f1,f2)将 x 从 f1 进制数变成 f2 进制数

函　　数	作　　用
INET_ATON(IP)	INET_ATON(IP)函数可以将 IP 地址转换为数字表示
INET_NTOA(N)	INET_NTOA(n)函数可以将数字 n 转换成 IP 的形式
GET_LOCK(name,time)	GET_LOCK(name,time)函数定义一个名称为 name、持续时间长度为 time 秒的锁。锁定成功,返回 1;如果尝试超时,返回 0;如果遇到错误,返回 NULL
RELEASE_LOCK(name)	RELEASE_LOCK(name)函数解除名称为 name 的锁。如果解锁成功,返回 1;如果尝试超时,返回 0;如果解锁失败,返回 NULL
IS_FREE_LOCK(name)	IS_FREE_LOCK(name)函数判断是否使用名为 name 的锁。如果使用,返回 0;否则返回 1
BENCHMARK(count,expr)	将表达式 expr 重复执行 count 次,然后返回执行时间。该函数可以用来判断 MySQL 处理表达式的速度
CONVERT(s USING cs)	将字符串 s 的字符集变成 cs
CAST(x AS type),CONVERT(x,type)	将 x 变成 type 类型,这两个函数只对 BINARY、CHAR、DATE、DATETIME、TIME、SIGNED INTEGER、UNSIGNED INTEGER 这些类型起作用。但两种方法只是改变了输出值的数据类型,并没有改变表中字段的类型

6.5　窗口函数

MySQL 8.0 新增加了窗口函数的功能,窗口函数方便了 SQL 的编码,也是 MySQL 8.0的亮点之一。

6.5.1　ROW_NUMBER()

ROW_NUMBER()(分组)排序编号,按照表中某一字段分组,再按照某一字段排序,对已有的数据生成一个编号。当然也可以不分组,对整体进行排序,生成一个编号。任何一个窗口函数,都可以分组统计或者不分组统计。语法格式为:

```
ROW_NUMBER()OVER(PARTITION BY 字段名 ORDER BY 字段名) AS 编号;
```

 例 6.41　创建用户订单表 order1,并插入 10 条记录,基于 order1 查询每位用户最新的订单信息。SQL 语句如下,运行结果如图 6-46 所示。

```
CREATE TABLE order1
(order_id INT PRIMARY KEY,        # 订单编号
user_no VARCHAR(10),              # 用户编号
amount INT,                       # 订单数量
create_date DATETIME );           # 订单日期
插入数据
INSERT INTO order_info VALUES(1,'u0001',100,'2019-1-1');
INSERT INTO order_info VALUES(2,'u0001',900,'2019-1-20');
INSERT INTO order_info VALUES(3,'u0001',300,'2019-1-2');
INSERT INTO order_info VALUES(4,'u0002',900,'2019-1-22');
INSERT INTO order_info VALUES(5,'u0002',900,'2019-1-20');
INSERT INTO order_info VALUES(6,'u0002',500,'2019-1-5');
```

传统方式的 SQL 语句如下,运行结果如图 6-45 所示。

```
SELECT *  FROM(SELECT IF(@ y=a.user_no,@ x:=@ x+1,@ x:=1) X,
              IF(@ y=a.user_no,@ y,@ y:=a.user_no) Y,a.*
          FROM order1 a,(SELECT @ x:=0,@ y:=NULL) b
          ORDER BY a.user_no,a.create_date desc ) a WHERE X <= 1;
```

```
mysql> SELECT * FROM (SELECT IF(@y=a.user_no, @x:=@x+1, @x:=1) X ,
    ->          IF(@y=a.user_no, @y, @y:=a.user_no) Y, a.*
    ->          FROM order1 a, (SELECT @x:=0, @y:=NULL) b
    ->          ORDER BY a.user_no, a.create_date desc ) a WHERE X <= 1;
+---+-----+----------+---------+--------+---------------------+
| X | Y   | order_id | user_no | amount | create_date         |
+---+-----+----------+---------+--------+---------------------+
| 1 | 001 |        5 | 001     |    900 | 2019-01-20 00:00:00 |
| 1 | 002 |       10 | 002     |    900 | 2019-01-22 00:00:00 |
+---+-----+----------+---------+--------+---------------------+
2 rows in set, 5 warnings (0.00 sec)
```

图 6-45　查询每位用户最新的订单信息

使用 ROW_NUMBER() 函数的 SQL 语句如下,运行结果如图 6-46 所示。

```
SELECT *  FROM
(SELECT ROW_NUMBER()OVER(PARTITION BY user_no
ORDER BY create_date desc) AS row_num,
order_id,user_no,amount,create_date  FROM order1 )  t  WHERE row_num=1;
```

```
mysql> SELECT * FROM
    -> (SELECT ROW_NUMBER()OVER(PARTITION BY user_no ORDER BY create_date desc) AS row_num,
    -> order_id,user_no,amount,create_date  FROM order1 ) t WHERE row_num=1;
+---------+----------+---------+--------+---------------------+
| row_num | order_id | user_no | amount | create_date         |
+---------+----------+---------+--------+---------------------+
|       1 |        5 | 001     |    900 | 2019-01-20 00:00:00 |
|       1 |       10 | 002     |    900 | 2019-01-22 00:00:00 |
+---------+----------+---------+--------+---------------------+
2 rows in set (0.00 sec)
```

图 6-46　ROW_NUMBER()函数

例 6.42　查询学生选课表中每门课程的最高分,按照课程编号分组后按成绩降序排列,返回每一组数据的第一条记录的成绩,即每门课的最高分。SQL 语句如下,运行结果如图 6-47 所示。

```
SELECT *  FROM
(SELECT ROW_NUMBER()OVER(PARTITION BY 课程号
ORDER BY 成绩 DESC) AS row_num,
学号,课程号,成绩 FROM choose )  t
WHERE row_num=1;
```

```
mysql> SELECT * FROM
    -> (SELECT ROW_NUMBER()OVER(PARTITION BY 课程号 ORDER BY 成绩 DESC) AS row_num,
    -> 学号,课程号,成绩 FROM choose ) t WHERE row_num=1;
+---------+----------+--------+------+
| row_num | 学号      | 课程号  | 成绩  |
+---------+----------+--------+------+
|       1 | 01640403 |      1 |   80 |
|       1 | 01640403 |      2 |   90 |
|       1 | 01640401 |      3 |   60 |
+---------+----------+--------+------+
3 rows in set (0.00 sec)
```

图 6-47　每门课的最高分

如果要输出每门课程的课程名称，上述的 SQL 语句可修改为：

```
SELECT *  FROM
(SELECT ROW_NUMBER()OVER(PARTITION BY 课程名称
ORDER BY 成绩 DESC) AS row_num,学号,课程名称,成绩
FROM choose  JOIN  course ON course.课程号＝choose.课程号）t
WHERE row_num=1;
```

运行结果如果 6-48 所示。

```
mysql> SELECT * FROM
  -> (SELECT ROW_NUMBER()OVER(PARTITION BY 课程名称 ORDER BY 成绩 DESC) AS row_num,
  -> 学号,课程名称,成绩 FROM choose  JOIN course ON course.课程号=choose.课程号) t
  -> WHERE row_num=1;
```

row_num	学号	课程名称	成绩
1	01640401	c语言程序设计	60
1	01640403	java语言程序设计	80
1	01640403	mysql数据库	90

```
3 rows in set (0.00 sec)
```

图 6-48   输出每门课的课程名称

6.5.2   RANK()

RANK()类似于 ROW_NUMBER()，也是排序功能，如果表中有两条完全一样的数据，ROW_NUMBER()编号的时候，这两条数据被编了两个不同的号；而 RANK()在排序条件一样的情况下，其编号也一样。如例 6.42 的 SQL 语句可修改为：

```
SELECT *  FROM
(SELECT RANK()OVER(PARTITION BY 课程号 ORDER BY 成绩 DESC) AS row_num,
学号,课程号,成绩 FROM choose ) t WHERE row_num=1;
```

6.5.3   AVG、SUM 等聚合函数在窗口函数中的增强

可以在聚合函数中使用窗口功能，比如 SUM(amount)OVER(PARTITION BY user_no ORDER BY create_date) AS sum_amont，实现一个累积计算 SUM 的功能。

6.5.4   NTILE(n)

NTILE(n) 将数据按照某些排序分成 n 组，在 n 组数据中获取其中一部分数据。例如，按照学生选课表 choose 中的成绩倒序排列，将学生成绩分成上中下 3 组，如果要获取上中下 3 个组中一部分数据，可使用 NTILE(3) 来实现。

6.5.5   LAG、LEAD 函数

LAG(column,n)获取当前数据行按照某种排序规则的上 n 行数据的某个字段，LEAD(column,n)获取当前数据行按照某种排序规则的下 n 行数据的某个字段。

例 6.43   按照时间排序，获取当前订单的上一笔订单发生时间和下一笔订单发生时间。SQL 语句如下，运行结果如图 6-49 所示。

```
SELECT order_id,user_no,amount,create_date,
LAG(create_date,1) OVER(PARTITION BY user_no ORDER BY create_date ASC)
'last_transaction_time',
LEAD(create_date,1) OVER(PARTITION BY user_no ORDER BY create_date ASC)
'next_transaction_time'FROM order1;
```

图 6-49　当前订单的上一订单和下一订单的时间

6.5.6　CTE 公用表表达式

CTE 公用表表达式有两种用法,非递归的 CTE 和递归的 CTE。非递归的 CTE 可以用来增加代码的可读性,增加逻辑的结构化表达。对于一句 SQL 有几十行甚至上百行,使用 CTE 分段解决。比如逻辑块 A 做成一个 CTE,逻辑块 B 做成一个 CTE,然后在逻辑块 A 和逻辑块 B 的基础上继续进行查询,这样直接用一句代码实现整个查询,逻辑上就变得相对清晰直观。

例 6.44　查询每个用户的最新一条订单,使用 CTE 完成,步骤分两步:

第一步是对用户的订单按照时间排序编号,做成一个 CTE;

第二步对上面的 CTE 进行查询,取行号等于 1 的数据。

SQL 语句如下,运行结果如图 6-50 所示。

```
WITH CTE AS(
SELECT row_number() OVER(PARTITION BY user_no BY create_date DESC) AS row_num,
order_id,user_no,amount,create_date FROM order1 )
SELECT *  FROM CTE WHERE row_num=1;
```

图 6-50　CTE 查询每个用户的最新一条订单

例 6.45　查询选课人数最多的课程号和选课人数,SQL 语句如下,运行结果如图 6-51所示。

```
WITH CTE AS(
SELECT COUNT(学号) a,课程号
FROM choose GROUP BY 课程号)
SELECT MAX(a),课程号 FROM CTE;
```

图 6-51　查询选课人数最多的课程号及人数

习　题

1.16 属于什么类型常量?(　　　)

A. 字符串常量　　　B. 浮点型常量　　　C. 数值型常量　　　D. 日期和时间型常量

2."abc"属于什么类型常量?(　　　)

A. 字符串常量　　　B. 数值型常量　　　C. 日期和时间型常量　　　D. 整型常量

3. 使用数学函数进行如下运算:

(1) 计算 18 除以 5 的商和余数。

(2) 将弧度值 PI( )/4 转换为角度值。

(3) 计算 9 的 4 次方值。

(4) 将数字 1.98752895 保留到小数点后 4 位。

4. 使用字符串函数进行如下运算:

(1) 分别计算字符串"Hello World!"和"University"的长度。

(2) 从字符串"Nice to meet you!"中获取子字符串"meet"。

(3) 重复输出 3 次字符串"Cheer!"。

(4) 将字符串"mingri"逆序输出。

5. 使用日期和时间函数进行如下运算:

(1) 计算当前日期是一年的第几周。

(2) 计算当前日期是一周中的第几个工作日。

(3) 计算"1930-02-14"与当前日期之间相差的年份。

(4) 按"97 Oct 4th Saturday"格式输出当前日期。

6. 使用 MySQL 函数进行如下运算:

(1) 使用加密函数 ENCODE 对字符串"MySQL"加密,并使用 DECODE 函数解密。

(2) 将十进制的值 100 转换为十六进制值。

(3) 格式化数值 5.1584,四舍五入保留到小数点后面第 3 位。

(4) 将字符串"new string"的字符集改为 gb2312。

7. 在 MySQL 中执行如下算术运算:(9-7) * 4,8＋15/3,17DIV2,39％12。

8. 在 MySQL 中执行如下比较运算:36＞27,15＞＝8,40＜50,15＜＝15,NULL＜＝＞NULL,NULL＜＝＞1,5＜＝＞5。

9. 在 MySQL 中执行如下逻辑运算:4&&8,-2||NULL,NULL XOR 0,0 XOR 1,! 2。

10. 在 MySQL 中执行如下位运算:13&17,20|8,14^20,～16。

第**7**章 存储过程与触发器

前面章节介绍了 MySQL 自定义函数以及视图的使用,函数和视图虽然实现了代码封装,减少了代码重复编写工作,为数据库开发者提供了方便,但在调用函数时数据库服务器需要重复编译,降低了系统资源利用率。而 MySQL 存储过程不仅可以提高代码的重用性,还可以提高代码的执行效率。本章主要讲解如何在 MySQL 中创建和调用存储过程、触发器、游标等方面的知识,并结合"学生选课系统"讲解这些知识点在该系统中的应用。MySQL 存储过程实现了比 MySQL 自定义函数更为强大的功能。

本章要点

◇ 存储过程

◇ 触发器

◇ 游标

 ## 7.1 存储过程

7.1.1 存储过程的概念

存储过程是一种数据库对象,它是由一组预先编辑好的 SQL 语句组成,为了实现某个特定的任务,将一组预编译的 SQL 语句以一个存储单元的形式存储在数据库服务器上,由用户直接调用执行。存储过程在第一次执行时进行编译,然后将编译好的代码保存在高速缓存中便于以后调用,实现了一次编译,多次调用,提高了代码的执行效率。存储过程与函数相似,也可以看作是一个"加工作坊",它接收"调用者"传递过来的"原料"(IN 参数),然后将这些"原料""加工处理"成"产品"(存储过程的 OUT 参数或 INOUT 参数),再把"产品"返回给"调用者"。

7.1.2 创建存储过程

创建存储过程时,需要指定存储过程的名称和参数的名称。创建存储过程的语法格式为:

```
CREATE PROCEDURE 存储过程名称(IN 参数 1 数据类型,OUT 参数 2 数据类型,…)
[存储过程选项]
BEGIN
存储过程语句块;
END;
```

其中,参数说明如下:

存储过程名称:必须遵守标识符的命名规则,且对于数据库及其所有者必须唯一。建议在存储过程名称中添加前缀"_proc"或者后缀"_proc"。

参数:MySQL 存储过程的参数实质上是局部变量,在定义存储过程时需要指定参数的数据类型。存储过程有 3 种参数。

IN 参数:输入参数,表示该参数的值必须由调用程序指定。

OUT 参数:输出参数,表示该参数的值经过存储过程计算后,将 OUT 参数的计算结果返回给调用程序。

INOUT 参数:既是输入参数,又是输出参数,表示该参数的值既可以由调用程序指定,又可以将 INOUT 参数的计算结果返回给调用程序。

存储过程选项说明:存储过程选项由以下一种或几种选项组合而成。

```
LANGUAGE SQL
| [NOT] DETERMINISTIC | { CONTAINS SQL  | NO SQL  | READS SQL DATA | MODIFIES SQL
DATA }
| SQL SECURITY { DEFINER | INVOKER } |  COMMENT '注释'.
```

说明:

LANGUAGE SQL:默认选项,用于说明存储过程语句块使用 SQL 语言编写。

DETERMINISTIC(确定性):当存储过程返回结果为不确定值时,该选项是为了防止"复制"时的不一致性。如果存储过程总是对同样的输入参数产生同样的结果,则被认为是"确定的",否则就是"不确定的"。例如存储过程返回系统当前的时间,返回值是不确定的。如果既没有给定 DETERMINISTIC,也没有给定 NOT DETERMINISTIC,默认的就是 NOT DETERMINISTIC。

CONTAINS SQL:表示存储过程语句块中不包含读或写数据的语句(例如 SET 命令等)。

NO SQL:表示存储过程语句块中不包含 SQL 语句。

READS SQL DATA:表示存储过程语句块中包含 SELECT 查询语句,但不包含更新语句。

MODIFIES SQL DATA:表示存储过程语句块包含更新语句。

如果上述选项没有明确指定,默认是 CONTAINS SQL。

SQL SECURITY:用于指定存储过程语句块的执行许可。

DEFINER:表示该存储过程只能由创建者调用。

INVOKER:表示该存储过程可以被其他数据库用户调用。默认值是 DEFINER。

COMMENT:为存储过程添加功能说明等注释信息。

例 7.1 创建一个名为 s1_proc 的存储过程,查看学生选课数据库中学生的总人数。SQL 语句如下,运行结果如图 7-1 所示。

```
DELIMITER $$
CREATE PROCEDURE  s1_proc( )
READS SQL DATA
BEGIN
  SELECT  COUNT(* )  FROM student;
END $$
```

```
mysql> DELIMITER $$
mysql> CREATE PROCEDURE  s1_proc( )
   -> READS SQL DATA
   -> BEGIN
   ->  SELECT  COUNT(*)  FROM student ;
   -> END $$
Query OK, 0 rows affected (0.00 sec)
```

图 7-1 空参数存储过程

创建存储过程时,其中的参数可以省略,即既没有输入参数也没有输出参数,也可以有多个输入参数和多个输出参数。如果存储过程的处理结果是一个列表,在定义存储过程时则不需要定义 OUT 参数。

例 7.2 创建名为 c_proc 的存储过程,根据学号查询该学生选修了哪些课程。其中学号是要输入的数据,需要定义为输入参数 IN 参数,而该存储过程的结果不需要赋值保存,创建时不需要定义输出参数 OUT 参数。SQL 语句如下,运行结果如图 7-2 所示。

```
DELIMITER $$
CREATE PROCEDURE c_proc(IN s_no CHAR(10))
READS SQL DATA
BEGIN
SELECT 课程名称 FROM choose JOIN course
ON choose.课程号=course.课程号
WHERE  学号= s_no;
END;$$
```

图 7-2　创建只带输入参数的存储过程

例 7.3　创建名为 c1_proc 的存储过程,根据学生的学号查询该学生选修了几门课程,s_no 是 IN 输入参数,number 是 OUT 输出参数。它们都是存储过程的局部变量。SQL 语句如下,运行结果如图 7-3 所示。

```
DELIMITER $$
CREATE PROCEDURE c1_proc(IN s_no CHAR(10),OUT number INT)
READS SQL DATA
BEGIN
SELECT COUNT(* ) INTO number FROM choose WHERE  学号= s_no;
END;$$
```

图 7-3　带输入、输出参数的存储过程

创建存储过程时,如果需要保存存储过程的结果,要定义 OUT 输出参数,将结果赋值给 OUT 参数。

例 7.4　创建名为 s2_proc 的存储过程,根据图书编号查询图书名称。定义 bh 为 IN 输入参数,sm 为 OUT 输出参数。SQL 语句如下,运行结果如图 7-4 所示。

```
DELIMITER $$
CREATE PROCEDURE s2_proc(IN bh CHAR(10),OUT sm CHAR(10))
READS SQL DATA
```

```
BEGIN
SELECT 图书名称 INTO sm FROM book WHERE 图书编号＝bh;
END;$$
```

```
mysql> DELIMITER $$
mysql> CREATE PROCEDURE s2_proc(IN bh CHAR(10),OUT sm CHAR(10))
    -> READS SQL DATA
    -> BEGIN
    -> SELECT 图书名称 INTO sm FROM book WHERE 图书编号=bh;
    -> END;$$
Query OK, 0 rows affected (0.00 sec)
```

图 7-4　带输入、输出参数的存储过程

上述存储过程的 IN 参数与 OUT 参数的数据类型都为字符串类型。如果存储过程的 IN 参数和 OUT 参数的数据类型相同,则可以将这两个参数简化为一个 INOUT 参数。例 7.4 的 SQL 语句可修改为:

```
DELIMITER $$
CREATE PROCEDURE s3_proc(INOUT bh CHAR(20))
READS SQL DATA
BEGIN
SELECT 图书名称 INTO bh FROM book WHERE 图书编号＝bh;
END;$$
```

运行结果如图 7-5 所示。

```
mysql> DELIMITER $$
mysql> CREATE PROCEDURE s3_proc(INOUT bh CHAR(20))
    -> READS SQL DATA
    -> BEGIN
    -> SELECT 图书名称 INTO bh FROM book WHERE 图书编号=bh;
    -> END;$$
Query OK, 0 rows affected (0.00 sec)
```

图 7-5　带 INOUT 参数的存储过程

7.1.3　调用存储过程

存储过程创建成功后,已经过编译优化后保存到数据库服务器了。用户通过调用存储过程才能查看到结果,调用存储过程须使用 CALL 关键字。调用时需要向存储过程的 IN 参数、OUT 参数、INOUT 参数传递数据,而且数据的个数和类型要一致。

1.调用无参数存储过程

图 7-6　调用无参数存储过程

如果存储过程在定义时没有任何参数,在调用时也不需要传递具体的值给参数。例如,调用例 7.1 的存储过程 s1_proc 的 MySQL 命令是“CALL s1_proc( )”,调用结果如图 7-6 所示。

2.调用带输入参数的存储过程

如果存储过程在定义时指定了输入参数,在调用时需要向存储过程传递 IN 参数,例如

调用例 7.2 的存储过程 c_proc,输入学号返回该学生选修了哪些课程,调用的命令为:

```
SET @ student_no = '01640403';
CALL  c_proc(@ student_no);
```

或者:

```
CALL  c_proc('01640402');
```

调用结果如图 7-7 所示。

图 7-7　调用带输入参数的存储过程

3. 调用带输入、输出参数的存储过程

此类型存储过程有 IN 参数和 OUT 参数,调用时把 OUT 参数的结果传递给用户会话变量。使用命令 SELECT 输出变量的值。例如,调用例 7.3 的 c1_proc 存储过程,运行结果如图 7-8 所示。

图 7-8　调用带 IN、OUT 参数的存储过程

注意:

调用存储过程时,定义的@a 是用户会话变量,通过用户会话变量与存储过程内的局部变量进行值的传递。

4. 调用带 INOUT 参数的存储过程

INOUT 参数既是输入参数,也是输出参数,实际上是两个名字相同的参数。那么在调用这样的存储过程时也需要传递输入参数的值。例如,调用例 7.4 的存储过程 s2_proc,输入图书编号,返回图书名称,调用结果如图 7-9 所示。

```
mysql> SET @a='a2018003';
    -> CALL  s2_proc(@a);
    -> SELECT @a;$$
Query OK, 0 rows affected (0.00 sec)

Query OK, 1 row affected (0.00 sec)

+------+
| @a   |
+------+
| 人性的弱点 |
+------+
1 row in set (0.01 sec)
```

图 7-9   调用带 INOUT 参数的存储过程

7.1.4   查看存储过程的定义

对于用户创建的存储过程,可以使用下面四种方法查看存储过程的定义、权限、字符集等信息。

(1) 使用 SHOW PROCEDURE STATUS 命令查看存储过程的定义。

(2) 查看某个数据库(例如 choose 数据库)中的所有存储过程名,可以使用下面的 SQL 语句。执行结果如图 7-10 所示。

```
SELECT NAME FROM MySQL.proc
WHERE DB = 'choose' AND type = 'PROCEDURE';
```

```
mysql> SELECT NAME FROM MySQL.proc
    -> WHERE DB = 'choose' AND type = 'PROCEDURE';
+--------------------+
| NAME               |
+--------------------+
| c1_proc            |
| CHOOSE_NUMBER_PROC |
| c_proc             |
| s1_proc            |
| s2                 |
| s2_proc            |
| s3_proc            |
| student_count_proc |
```

图 7-10   查看存储过程

(3) 使用 MySQL 命令"SHOW CREATE PROCEDURE 存储过程名;"可以查看指定数据库指定存储过程的详细信息。

例如查看 s1_proc()存储过程的详细信息,可以使用"SHOW CREATE PROCEDURE s1_proc /G;"。

(4) 存储过程的信息都保存在 INFORMATION_SCHEMA 数据库中的 ROUTINES 表中,可以使用 SELECT 语句查询存储过程的相关信息。

例如下面的 SQL 语句查看的是 s1_proc()存储过程的相关信息。

```
SELECT *  FROM INFORMATION_SCHEMA.ROUTINES
WHERE ROUTINE_NAME= 's1_proc()'\G;
```

7.1.5 删除存储过程

用户创建的存储过程不再需要时,可以使用命令 DROP PROCEDURE 将其删除,语法格式为:

```
DROP  PROCEDURE 存储过程名称;
```

例 7.5　删除存储过程 CHOOSE_NUMBER_PROC,代码如下,执行结果如图 7-11 所示。

```
DROP PROCEDURE CHOOSE_NUMBER_PROC;
```

```
mysql> DROP  PROCEDURE    CHOOSE_NUMBER_PROC;
Query OK, 0 rows affected (0.09 sec)
```

图 7-11　删除存储过程

7.1.6 存储过程与函数的比较

(1) 存储过程与函数之间的共同特点在于:

• 应用程序调用存储过程或者函数时,只需要提供存储过程名或者函数名,以及参数信息,无须将若干条 MySQL 命令或 SQL 语句发送到 MySQL 服务器,节省了网络开销。

• 存储过程或者函数可以重复使用,可以减少数据库开发人员,尤其是应用程序开发人员的工作量。

• 使用存储过程或者函数可以增强数据的安全访问控制,可以设定只有某些数据库用户才具有某些存储过程或者函数的执行权。

(2) 存储过程与函数之间的不同之处在于:

• 函数必须有且仅有一个返回值,且必须指定返回值的数据类型(返回值类型目前仅仅支持字符串、数值类型)。存储过程可以没有返回值,也可以有返回值,甚至可以有多个返回值,所有的返回值需要使用 OUT 或者 INOUT 参数定义。

• 函数体内可以使用 SELECT…INTO 语句为某个变量赋值,但不能使用 SELECT 语句返回结果(或者结果集)。存储过程则没有这方面的限制,存储过程甚至可以返回多个结果集。

• 函数可以直接嵌入 SQL 语句(例如 SELECT 语句)中或者 MySQL 表达式中,最重要的是函数可以用于扩展标准的 SQL 语句。存储过程一般需要单独调用,并不会嵌入 SQL 语句(例如 SELECT 语句)中使用,调用时需要使用 CALL 关键字。

• 函数中的函数体限制比较多,比如函数体内不能使用以显式或隐式方式打开、开始或结束事务的语句,如 START TRANSACTION、COMMIT、ROLLBACK 或者 SET AUTOCOMMIT＝0 等语句;不能在函数体内使用预处理 SQL 语句。存储过程的限制相对就比较少,基本上所有的 SQL 语句或 MySQL 命令都可以在存储过程中使用。

• 应用程序(例如 Java、PHP 等应用程序)调用函数时,通常将函数封装到 SQL 字符串(例如 SELECT 语句)中进行调用;应用程序(例如 Java、PHP 等应用程序)调用存储过程时,必须使用 CALL 关键字进行调用,如果应用程序希望获取存储过程的返回值,应用程序必须给存储过程的 OUT 参数或者 INOUT 参数传递 MySQL 会话变量,才能通过该会话变量获取存储过程的返回值。

7.2 触发器

7.2.1 触发器概述

触发器是一种特殊类型的存储过程,它包括了大量的 TRANSACT-SQL 语句。但是触发器与一般的存储过程有着不同之处,一般的存储过程可以由用户直接调用执行,但是触发器不能被用户直接调用执行,它只能由事件触发而自动执行,也就是说触发器是自动执行的,当用户对表中的数据做了某些操作之后即被触发。

触发器是捆绑在基表上的预编译后存储在数据库中的一系列 SQL 语句集,通过这些 SQL 语句集系统自动执行相应的数据库操作,可以有效地保证数据库的完整性。触发器的执行过程如图 7-12 所示。

图 7-12 触发器的执行过程

由此可以看出触发器由三个部分组成:

(1)事件:对数据库对象的一些操作,比如对表的修改、删除、添加等操作。

(2)条件:触发器被触发前先对条件进行检查,满足条件则触发相应的操作,否则不被触发。

(3)动作:如果触发器测试满足预定的条件,则由 DBMS 执行这些动作。

7.2.2 触发器的优点

触发器主要用于监视某个表的 INSERT、UPDATE 以及 DELETE 等更新操作,这些操作可以分别激活该表的 INSERT、UPDATE 或者 DELETE 类型的触发程序运行,从而实现数据的自动维护,可以保护数据库的完整性。触发器主要有以下优点:

(1)触发器是自动执行的,它可以通过数据库中的相关表实现级联更新,实现多个表之间数据的一致性和完整性。比如对一张表中的数据做了修改操作,那么与这些数据相关联的其他表的数据也会被修改。

（2）触发器可以实现比 CHECK 约束更为复杂的数据完整性约束。例如，在 choose 数据库中，如果有新学生报到注册，需要向 student 表中添加一条记录，当输入 class_no（班级代码）时，必须先检查 classes（班级）表中是否存在该班级，这只能通过触发器来实现。

（3）触发器也可以评估数据修改前后的表状态，并根据其差异采取对策。

7.2.3 触发器的创建

触发器是被绑定在数据表上的，因此只能为某张表创建触发器，创建触发器的语法格式为：

```
CREATE TRIGGER 触发器名 触发时间 触发事件 ON 表名 FOR EACH ROW
BEGIN
触发程序
END;
```

其中，参数说明如下：

- 触发器名：与存储过程命名方法一样，建议在名称中加上前缀或后缀"trigger"。
- 触发时间：触发器的触发时间有两种：BEFORE 与 AFTER。

BEFORE 表示在触发事件发生之前执行触发程序。AFTER 表示在触发事件发生之后执行触发器。因此严格意义上讲一个数据库表最多可以设置六种类型的触发器。

- 触发事件：MySQL 的触发事件有三种：

INSERT：将新记录插入表时激活触发程序，例如通过 INSERT、LOAD DATA 和 REPLACE 语句，可以激活触发程序运行。

UPDATE：更改某一行记录时激活触发程序，例如通过 UPDATE 语句，可以激活触发程序运行。

DELETE：从表中删除某一行记录时激活触发程序，例如通过 DELETE 和 REPLACE 语句，可以激活触发程序运行。

- 表名：当前数据库中的数据表。
- FOR EACH ROW：表示行级触发器。

目前 MySQL 仅支持行级触发器，不支持语句级别的触发器（例如 CREATE TABLE 等语句）。FOR EACH ROW 表示更新（INSERT、UPDATE 或者 DELETE）操作影响的每一条记录都会执行一次触发程序。

7.2.4 触发器的工作过程

触发器被创建时，可以使用两个对象 OLD 对象和 NEW 对象。

1. INSERT 触发器的工作过程

在向已建有 INSERT 触发器的数据表插入数据时，INSERT 触发器被触发执行，当向表插入新记录时，系统会自动将刚才的新记录写入 NEW 对象中，NEW 对象可以看作是一张逻辑表，由系统在触发器激发时自动创建。一旦触发器执行结束，该 NEW 对象就自动地被删除。当需要访问新记录的某个字段值时，使用"NEW. 字段名"的方式访问。

2. DELETE 触发器的工作过程

删除具有 DELETE 触发器的表中的数据时，DELETE 触发器被触发执行，在删除数据行的同时，系统会自动地把刚删除的数据行写入 OLD 对象中。与 NEW 对象一样，OLD 对象也可以看作是一张逻辑表，由系统在触发器激发时自动创建。一旦触发器执行结束，该 OLD 对象就自动地被删除。当需要访问旧记录的某个字段值时，使用"OLD. 字段名"的方式访问。

3. UPDATE 触发器的工作过程

修改表中的数据可以看作是由两个步骤完成的操作：删除一条旧记录，然后再插入一条新记录,即先执行一条 DELETE 语句,再执行一条 INSERT 语句。所以,对建有 UPDATE 触发器的表中的数据进行修改时,系统会自动地将旧记录写入 OLD 对象中,将新记录写入 NEW 对象中。然后,通过访问 OLD 和 NEW 对象中的数据完成触发程序。

OLD 记录是只读的,可以引用它,但不能更改它。在 BEFORE 触发程序中,可使用 "SET NEW. COL_NAME = VALUE"更改 NEW 记录的值。MySQL 可以使用复合数据类型 SET 或者 ENUM 对字段的取值范围进行检查约束,使用复合数据类型可以实现离散的字符串数据的检查约束,对于数值型的数据不建议使用 SET 或者 ENUM 实现检查约束,可以使用触发器实现。

7.2.5 触发器的使用

1. 使用触发器删除关联数据

使用触发器可以实现多个表中相关联的数据同时删除,以保证数据的完整性。例如,在"选课系统"中,如果有课程的选修人数少于 30 人,那么学校决定取消开设该课程。课程删除后,即便是有学生已经选修了该课程,与该课程相关的选课信息也应该随之删除。可以通过触发器实现表的级联删除的功能。

例 7.6 在 choose 数据库中,为 student 表创建触发器,其作用是当有学生退学时,要删除该学生的所有信息,包括基本信息和选课信息。SQL 语句如下,运行结果如图 7-13所示。

```
DELIMITER $$
CREATE TRIGGER s _trigger BEFORE DELETE ON student
FOR EACH ROW
BEGIN
DELETE FROM choose WHERE 学号＝OLD.学号;
END;$$
```

```
mysql> DELIMITER $$
mysql> CREATE TRIGGER s_trigger BEFORE DELETE ON student
    -> FOR EACH ROW
    -> BEGIN
    -> DELETE FROM choose WHERE 学号=OLD.学号;
    -> END;
    -> $$
Query OK, 0 rows affected (0.13 sec)
```

图 7-13　创建 DELETE 触发器

删除学生学号为"01640403"的记录,观察 choose 表中的数据的变化,在删除 student 的数据之前,要将 choose 表中建立在学号列上的外键约束修改为级联删除的外键约束,SQL语句如下。

```
ALTER TABLE choose DROP FOREIGN KEY choose_student_fk;
ALTER TABLE choose ADD CONSTRAINT student_course_fk
FOREIGN KEY(学号) REFERENCES student(学号) ON DELETE CASCADE;
```

级联删除选项添加后,先打开 choose 表查看所有记录,然后使用 DELETE 命令删除 student 表中的学号为'01640403'的记录,再打开 choose 表观察所有记录。这时 choose 表中的关于该学生的记录同时被删除了。运行结果如图 7-14 和图 7-15 所示。

图 7-14　删除数据之前的 choose 表记录

图 7-15　触发后的 choose 表记录

如果 InnoDB 存储引擎的数据表之间仅存在外键约束,不存在级联选项,这时使用触发器也能实现关联数据的删除操作。

例 7.7　基于图书销售管理数据库创建删除触发器,由于《人性的弱点》这本书滞销导致下架,删除本书的信息,同时删除该书在线销售的所有信息。SQL 语句如下。触发器被触发之前先打开 onsale 表查看数据,如图 7-16 所示,执行数据删除后的 onsale 表如图7-17所示。

```
DELIMITER $$
CREATE TRIGGER b_trigger BEFORE DELETE ON book
FOR EACH ROW
BEGIN
DELETE FROM onsale WHERE 图书编号＝OLD.图书编号;
END;$$
```

图 7-16　onsale 表数据

```
mysql> DELETE FROM book WHERE 图书名称='人性的弱点';
    -> SELECT * FROM onsale;$$
Query OK, 1 row affected (0.14 sec)

+--------+----------+----------+---------------------+
| 书店id | 图书编号 | 上架数量 | 上架日期            |
+--------+----------+----------+---------------------+
| 1      | a2018001 |      425 | 2018-12-16 15:26:42 |
| 1      | a2018004 |      360 | 2018-12-16 15:26:42 |
| 1      | a2018005 |      125 | 2018-12-16 15:26:42 |
| 1      | a2018007 |      285 | 2018-12-16 15:26:42 |
| 2      | a2018008 |      500 | 2018-12-16 15:26:42 |
| 3      | a2018001 |      444 | 2018-12-16 15:26:42 |
| 3      | a2018006 |      310 | 2018-12-16 15:26:42 |
| 3      | a2018005 |      428 | 2018-12-16 15:26:42 |
| 4      | a2018004 |      205 | 2018-12-16 15:26:42 |
```

图 7-17　触发后的 onsale 表数据

在数据库中创建两张表:ORGANIZATION(父)表和 MEMBER(子)表。

```
CREATE DATABASE BOOK_MANAGEMENT;
USE BOOK_MANAGEMENT;
CREATE TABLE ORGANIZATION(
O_NO INT NOT NULL AUTO_INCREMENT,
O_NAME VARCHAR(32) DEFAULT '',
PRIMARY KEY(O_NO)
) ENGINE= InnoDB;
CREATE TABLE MEMBER(
M_NO INT NOT NULL AUTO_INCREMENT,
M_NAME VARCHAR(32) DEFAULT '',
O_NO INT,
PRIMARY KEY(M_NO),
CONSTRAINT ORGANIZATION_MEMBER_FK FOREIGN KEY(O_NO) REFERENCES ORGANIZATION(O_
NO)
) ENGINE= InnoDB;
```

分别向两张表插入测试记录。

```
INSERT INTO ORGANIZATION(O_NO,O_NAME) VALUES
(NULL,'AA'),
(NULL,'BB');
INSERT INTO MEMBER(M_NO,M_NAME,O_NO) VALUES
(NULL,'张',1),
(NULL,'王',1),
(NULL,'李',1),
(NULL,'赵',2),
(NULL,'孙',2);
```

创建名为 DELETE_TRIGGER 的触发器,该触发器实现的功能是:当删除 ORGANIZATION
表中的某条记录前,先删除 MEMBER 表中的相关信息。创建触发器的 SQL 语句如下。

```
CREATE TRIGGER DELETE_TRIGGER BEFORE DELETE ON ORGANIZATION FOR EACH ROW
BEGIN
DELETE FROM MEMBER WHERE O_NO= OLD.O_NO;
END;
$$
DELIMITER;
```

触发器创建成功后,先使用 SELECT 命令查看 MEMBER 表中的所有记录,然后使用 DELETE 命令删除 ORGANIZATION 表中 O_NO=1 的记录后,再使用 SELECT 命令查看 MEMBER 表的记录。这时 MEMBER 表中 O_NO=1 的记录也同时被删除了。执行下面的 SQL 语句,运行结果如图 7-18 所示。

```
SELECT *  FROM MEMBER;
DELETE FROM ORGANIZATION WHERE O_NO=1;
SELECT *  FROM MEMBER;
```

图 7-18　使用触发器模拟外键级联选项

2. 使用触发器更新数据

触发器可以修改关联数据,来维护数据库中的冗余数据。数据库一旦被创建好,为了避免数据不一致问题的发生,应尽量避免由人工维护。例如,在"学生选课系统"中,每门课程都设有可选人数,而实际的选课人数是根据学生的选课情况在学生选课表 choose 里统计得到的,这两个数据是有关联性的。如果有学生选修了一门课程,该门课程的可选人数要相应地减 1;如果有学生退课,该门课程的可选人数应该加 1。选课人数达到上限之后学生无法完成选课。这个过程如果由人工逐条修改表中的记录,难免会有漏改或错改,导致数据库的不一致性。使用触发器系统会自动更新数据。

例 7.8　创建一个名为 ch_trigger 的触发器,该触发器的功能是:当有学生选修了某门课程时,该学生的选课信息会被插入 choose 表,这时 course 表的可选修的人数的字段值要减 1。也就是,当对 choose 表执行 INSERT 操作时,触发器被触发,而触发的程序是修改 course 表中的数据(如果在设计 course 表时没有设置可选人数字段,需要修改 course 表的结构添加此字段)。SQL 语句如下。运行结果如图 7-19 所示。

```
ALTER TABLE course ADD 可选人数  INT DEFAULT 3;
DELIMITER $$
CREATE TRIGGER ch_trigger BEFORE INSERT ON choose
FOR EACH ROW
```

133

```
BEGIN
UPDATE course SET 可选人数＝可选人数-1
WHERE 课程号＝NEW.课程号；
END;$$
```

```
mysql> CREATE TRIGGER ch_trigger BEFORE INSERT ON choose
    -> FOR EACH ROW
    -> BEGIN
    -> UPDATE course SET 可选人数=可选人数-1
    -> WHERE 课程号=NEW.课程号；
    -> END;$$
Query OK, 0 rows affected (0.12 sec)
```

图 7-19　创建 INSERT 触发器

该 INSERT 触发器的触发程序是一条 UPDATE 语句,这不矛盾,它们分别是针对不同的表进行操作的,所以在编译运行时不会发生死循环。触发器创建成功后,先使用 SELECT命令查看 course 表中的所有记录,如图 7-20 所示。然后使用 INSERT 命令向 choose 表插入学生的选课信息后,再打开表 course 查看表中可选人数的值的变化。检查可选人数的值是否减 1。执行 SQL 语句,运行结果如图 7-21 所示。

```
mysql> SELECT * FROM course;$$
```

课程号	课程名称	学分	学院编号	可选人数
1	Java语言程序设计	3	1	3
2	MySQL数据库	2	2	3
3	C语言程序设计	4	1	3
4	C++	2	2	3
5	系统管理	2	5	3
6	高等数学	5	1	3

```
6 rows in set (0.00 sec)
```

图 7-20　course 表

```
mysql> INSERT choose VALUES('01640405',2,60,now());
    -> SELECT * FROM course;$$
Query OK, 1 row affected (0.03 sec)
```

课程号	课程名称	学分	学院编号	可选人数
1	Java语言程序设计	3	1	3
2	MySQL数据库	2	2	2
3	C语言程序设计	4	1	3
4	C++	2	2	3
5	系统管理	2	5	3
6	高等数学	5	1	3

图 7-21　使用触发器更新 course 表数据

对于初学者来说,很难确定触发器要绑定在哪一张表上,而触发事件或程序又是对哪一张表的操作。通过上面的例子很容易掌握触发器的应用。

例 7.9　　创建名为 cho_trigger 的触发器,实现当有学生退课时,course 表中的可选人数加 1 的功能。即当有学生退课时,首先要删除 choose 表中该学生的选课信息,在删除的同时要修改 course 表中可选人数的值。所以应该在 choose 表上绑定 DELETE 触发器,触发的动作或程序是一个更新数据的操作。SQL 语句如下,运行结果如图 7-22 所示。

```
DELIMITER $$
CREATE TRIGGER cho_trigger BEFORE DELETE ON choose
FOR EACH ROW
BEGIN
UPDATE course SET 可选人数＝可选人数＋1 WHERE 课程号＝OLD.课程号；
END;$$
```

```
mysql> CREATE TRIGGER cho_trigger BEFORE DELETE ON choose
    -> FOR EACH ROW
    -> BEGIN
    -> UPDATE course SET 可选人数=可选人数+1 WHERE 课程号=OLD.课程号:
    -> END;
    -> $$
Query OK, 0 rows affected (0.14 sec)
```

图 7-22　创建删除触发器实现数据修改

假如学号为"01640401"的学生要退选所选的课程，触发器创建成功后，先打开 course 表查看所有记录，然后使用 DELETE 命令删除 choose 表中学号为"01640401"、课程号为"3"的选课信息，再打开 course 表查看可选人数的值的变化，检查可选人数的值是否加 1。执行 SQL 语句，运行结果如图 7-23 所示。

```
mysql> DELETE FROM choose WHERE 学号='01640401';
    -> SELECT * FROM course;$$
Query OK, 0 rows affected (0.00 sec)
```

课程号	课程名称	学分	学院编号	可选人数
1	Java语言程序设计	3	1	3
2	MySQL数据库	2	2	3
3	C语言程序设计	4	1	4
4	C++	2	3	3
5	系统管理	2	5	3
6	高等数学	5	1	3

图 7-23　使用删除触发器更新 course 表数据

3. 使用触发器实现 CHECK 约束

数据表结构创建后，需要人工将数据输入表中，在输入的过程中会发生错误，造成数据不正确，导致数据库不完整。MySQL 使用复合数据类型 SET 和 ENUM 对字段的取值范围进行检查约束，实现对离散型的字符数据的检查约束。对于数值型数据以及取值范围比较连续的字段值建议用触发器实现。

例 7.10　创建一张只有 a、b 两个字段的表 aa，创建插入触发器检查要添加的 a、b 的值，如果 a 的值小于 10，则允许数据添加。SQL 语句如下，测试结果如图 7-24 所示。

```
CREATE TABLE aa(a int,b int);
DELIMITER $$
CREATE TRIGGER a1 BEFORE INSERT ON aa FOR EACH ROW
BEGIN
IF NEW.a<10 THEN
SET NEW.a＝NEW.a;
ELSE INSERT MYTABLE VALUES(0);
END IF;
END;$$
```

```
mysql> DELIMITER $$
mysql> CREATE TRIGGER a1 BEFORE INSERT ON aa FOR EACH ROW
    -> BEGIN
    -> IF NEW.a<10 THEN
    -> SET NEW.a=NEW.a;
    -> ELSE INSERT MYTABLE VALUES(0);
    -> END IF;
    -> END;$$
Query OK, 0 rows affected (0.02 sec)

mysql> INSERT INTO aa values(9,13);
    -> INSERT INTO aa values(45,13);$$
Query OK, 1 row affected (0.09 sec)

ERROR 1146 (42S02): Table 'b.mytable' doesn't exist
mysql> SELECT * FROM aa;$$
+------+------+
| a    | b    |
+------+------+
|    9 |   13 |
+------+------+
1 row in set (0.00 sec)
```

图 7-24　插入触发器检查 a 的值

例 7.11　　创建插入触发器,约定每个学生的年龄不超过 30 岁。SQL 语句如下。运行结果如图 7-25 所示。

```
DELIMITER $$
CREATE TRIGGER s1_trigger BEFORE INSERT ON student
FOR EACH ROW
BEGIN
IF(year(now())-year(NEW.出生日期)<=30) THEN
SET NEW.出生日期= NEW.出生日期;
ELSE INSERT INTO MYTABLE VALUES(0);
END IF;
END;
$$
```

```
mysql> DELIMITER $$
mysql> CREATE TRIGGER s1_trigger BEFORE INSERT ON student
    -> FOR EACH ROW
    -> BEGIN
    -> IF(year(now())-year(NEW.出生日期)<=30) THEN
    -> SET NEW.出生日期= NEW.出生日期;
    -> ELSE INSERT INTO MYTABLE VALUES(0);
    -> END IF;
    -> END;
    -> $$
Query OK, 0 rows affected (0.08 sec)
```

图 7-25　插入触发器实现检查约束

打开学生信息表 student 查看数据,如图 7-26 所示。向学生信息表插入两条记录,再打开表观察数据,如图 7-27 所示。SQL 语句如下。

```
SELECT *  FROM student;
INSERT student VALUES('111111','乐乐','男','2000-01-01','01');
INSERT student VALUES('222222','欢欢','女','1985-01-01','01');
SELECT *  FROM student;
```

```
mysql> SELECT * FROM student;$$
```

学号	姓名	性别	出生日期	班级编号
01640401	浅浅	女	2001-05-06 00:00:00	00
01640402	猴子	男	2000-02-20 00:00:01	01
01640404	英雄	女	1998-03-18 00:00:00	02
01640405	火王	男	1992-04-01 00:00:00	03
01640406	马浅	女	2001-03-04 00:00:00	04
01640407	田七	男	2002-03-04 00:00:00	02

图 7-26　数据插入之前的 student 表

```
mysql> INSERT student VALUES('111111','乐乐','男','2000-01-01','01');
    -> INSERT student VALUES('222222','欢欢','女','1985-01-01','01');
    -> SELECT * FROM student;$$
Query OK, 1 row affected (0.09 sec)

ERROR 1146 (42S02): Table 'choose.MYTABLE' doesn't exist
mysql> SELECT * FROM student;$$
```

学号	姓名	性别	出生日期	班级编号
01640401	浅浅	女	2001-05-06 00:00:00	00
01640402	猴子	男	2000-02-20 00:00:01	01
01640404	英雄	女	1998-03-18 00:00:00	02
01640405	火王	男	1992-04-01 00:00:00	03
01640406	马浅	女	2001-03-04 00:00:00	04
01640407	田七	男	2002-03-04 00:00:00	02
111111	乐乐	男	2000-01-01 00:00:00	01

图 7-27　数据插入之后的 student 表

7.2.6　查看触发器的定义

可以使用下面四种方法查看触发器的定义。

（1）使用 SHOW TRIGGERS 命令查看触发器的定义。

（2）查询 INFORMATION_SCHEMA 数据库中的 TRIGGERS 表，可以查看触发器的定义。

MySQL 中所有触发器的定义都存放在 INFORMATION_SCHEMA 数据库下的 TRIGGERS 表中，查询 TRIGGERS 表，可以查看数据库中所有触发器的详细信息，查询语句如下，运行结果如图 7-28 所示。

```
SELECT *  FROM INFORMATION_SCHEMA.TRIGGERS\G;
```

```
*************************** 4. row ***************************
           TRIGGER_CATALOG: def
            TRIGGER_SCHEMA: b
              TRIGGER_NAME: a1
        EVENT_MANIPULATION: INSERT
      EVENT_OBJECT_CATALOG: def
       EVENT_OBJECT_SCHEMA: b
        EVENT_OBJECT_TABLE: aa
              ACTION_ORDER: 1
          ACTION_CONDITION: NULL
          ACTION_STATEMENT: BEGIN
IF new.a<10 THEN
SET new.a=new.a;
ELSE INSERT mytable values(0);
END IF;
END
        ACTION_ORIENTATION: ROW
            ACTION_TIMING: BEFORE
ACTION_REFERENCE_OLD_TABLE: NULL
ACTION_REFERENCE_NEW_TABLE: NULL
  ACTION_REFERENCE_OLD_ROW: OLD
  ACTION_REFERENCE_NEW_ROW: NEW
                   CREATED: 2018-11-15 14:53:46.94
                  SQL_MODE: STRICT_TRANS_TABLES, NO_ENGINE_SUBSTITUTION
                   DEFINER: root@localhost
      CHARACTER_SET_CLIENT: utf8mb4
      COLLATION_CONNECTION: utf8mb4_0900_ai_ci
        DATABASE_COLLATION: utf8mb4_0900_ai_ci
4 rows in set (0.00 sec)
```

图 7-28　查看触发器的定义

（3）使用"SHOW CREATE TRIGGER 触发器名称"命令可以查看某一个触发器的定义。

例如使用"SHOW CREATE TRIGGER a1\G"命令可以查看触发器 ORGANIZATION _DELETE_BEFORE_TRIGGER 的定义。

（4）成功创建触发器后，MySQL 自动在数据库目录下创建 TRN 以及 TRG 触发器文件，以记事本方式打开这些文件，可以查看触发器的定义。

7.2.7　删除触发器

可以使用 DROP TRIGGER 语句将该触发器删除，语法格式如下。

```
DROP TRIGGER 触发器名;
```

例 7.12　删除触发器 CHOOSE_DELETE_TRIGGER1，SQL 语句如下，执行结果如图 7-29 所示。

```
DROP TRIGGER CHOOSE_DELETE_TRIGGER1;
```

```
mysql> DROP TRIGGER CHOOSE_DELETE_TRIGGER1;
Query OK, 0 rows affected (0.06 sec)
```

图 7-29　删除触发器

7.2.8　使用触发器的注意事项

（1）触发程序中如果包含 SELECT 语句，该 SELECT 语句不能返回结果集。

（2）同一个表不能创建两个具有相同触发时间、触发事件的触发程序。

（3）触发程序中不能使用以显式或隐式方式打开、开始或结束事务的语句，如 START TRANSACTION、COMMIT、ROLLBACK 或者 SET AUTOCOMMIT＝0 等语句。

（4）MySQL 触发器针对记录进行操作，当批量更新数据时，引入触发器会导致更新操作性能降低。

（5）在 MyISAM 存储引擎中，触发器不能保证原子性。InnoDB 存储引擎支持事务，使用触发器可以保证更新操作与触发程序的原子性，此时触发程序和更新操作是在同一个事务中完成。

（6）InnoDB 存储引擎实现外键约束关系时，建议使用级联选项维护外键数据；MyISAM 存储引擎虽然不支持外键约束关系，但可以使用触发器实现级联修改和级联删除，进而维护外键数据，模拟实现外键约束关系。

（7）使用触发器维护 InnoDB 外键约束的级联选项时，数据库开发人员究竟应该选择 AFTER 触发器还是 BEFORE 触发器？答案是：应该首先维护子表的数据，然后再维护父表的数据，否则可能出现错误。

（8）MySQL 的触发程序不能对本表使用更新语句（例如 UPDATE 语句）。触发程序中的更新操作可以直接使用 SET 命令替代，否则可能出现错误信息，甚至陷入死循环。

（9）在 BEFORE 触发程序中，AUTO_INCREMENT 字段的 NEW 值为 0，不是实际插入新记录时自动生成的自增型字段值。

（10）添加触发器后，建议对其进行详细的测试，测试通过后再决定是否使用触发器。

7.3　游标

数据库开发人员编写存储过程（或者函数）等存储程序时，有时需要存储程序中的 MySQL 代码扫描 SELECT 结果集中的数据，并对结果集中的每条记录进行简单处理，通过 MySQL 的游标机制可以解决此类问题。游标是一种对从表中检索出的数据进行操作的灵活手段，就本质而言，游标实际上是一种能从包括多条数据记录的结果集中每次提取一条记录的机制。游标总是与一条 SQL 选择语句相关联，因为游标由结果集（可以是零条、一条或由相关的选择语句检索出的多条记录）和结果集中指向特定记录的游标位置组成。当决定对结果集进行处理时，必须声明一个指向该结果集的游标。

游标的使用可以概括为声明游标、打开游标、从游标中提取数据以及关闭游标，如图 7-30所示。

图 7-30　游标

1. 声明游标

声明游标需要使用 DECLARE 语句，其语法格式为：

```
DECLARE 游标名 CURSOR FOR SELECT 语句;
```

使用 DECLARE 语句声明游标后，此时与该游标对应的 SELECT 语句并没有执行，MySQL 服务器内存中并不存在与 SELECT 语句对应的结果集。

2. 打开游标

打开游标需要使用 OPEN 语句，其语法格式如下。

```
OPEN 游标名;
```

使用 OPEN 语句打开游标后，与该游标对应的 SELECT 语句将被执行，MySQL 服务器内存中将存放与 SELECT 语句对应的结果集。

3. 从游标中提取数据

从游标中提取数据需要使用 FETCH 语句，其语法格式如下。

FETCH 游标名 INTO 变量名 1,变量名 2,…;

说明：

变量名的个数必须与声明游标时使用的 SELECT 语句结果集中的字段个数保持一致。

第一次执行 FETCH 语句时,FETCH 语句从结果集中提取第一条记录,再次执行 FETCH 语句时,FETCH 语句从结果集中提取第二条记录,以此类推。

FETCH 语句每次从结果集中仅仅提取一条记录,因此 FETCH 语句需要循环语句的配合,才能实现整个结果集的遍历。

当使用 FETCH 语句从游标中提取最后一条记录后,再次执行 FETCH 语句时,将产生"ERROR 1327(02000):NO DATA TO FETCH"错误信息,数据库开发人员可以针对 MySQL 错误代码 1327 自定义错误处理程序,以便结束结果集的遍历。

注意：

游标错误处理程序应该放在声明游标语句之后。游标通常结合错误处理程序一起使用,用于结束结果集的遍历。

4. 关闭游标

关闭游标使用 CLOSE 语句,其语法格式如下。

CLOSE 游标名;

关闭游标的目的在于释放游标打开时产生的结果集,节省 MySQL 服务器的内存空间。游标如果没有被明确地关闭,将在它被声明的 BEGIN…END 语句块的末尾关闭。

例 7.13 通过游标实现给每位学生的成绩加 5 分,最高不超过 70 分,成绩在 55 与 57 分之间的加分后为 60 分。SQL 语句如下。

```
DELIMITER $$
CREATE PROCEDURE UPDATE_COURSE_SCORE_PROC(IN c_no INT)
MODIFIES SQL DATA
BEGIN
DECLARE s_no INT;
DECLARE grade INT;
DECLARE state CHAR(20);
DECLARE score_cursor CURSOR FOR SELECT 学号,成绩 FROM choose WHERE 课程号＝c_no;
DECLARE CONTINUE HANDLER FOR 1327 SET STATE ＝'ERROR';
OPEN score_cursor;
REPEAT
FETCH score_cursor INTO s_no,grade;
SET grade ＝ grade ＋ 5;
IF(grade＞70) THEN SET grade ＝ 70;END IF;
IF(grade＞＝55 && grade＜＝57) THEN SET grade ＝ 60;END IF;
UPDATE choose SET 成绩＝grade WHERE 学号＝s_no AND 课程号＝c_no;
UNTIL STATE ＝ 'ERROR'
END REPEAT;
CLOSE score_cursor;
END
$$
DELIMITER;
```

习 题

1. 什么是存储过程？

2. 存储过程的基本类型和特点是什么？

3. 调用存储过程有几种方式？

4. 使用触发器有哪些优点？

5. 触发器有哪些类型？

6. 在学生选课数据库中，创建一个名为 sname_proc 的存储过程，该存储过程的功能是根据学生的学号，返回该学生所在的班级。

7. 根据学生选课数据库，创建存储过程，根据课程名称返回该课程不及格的学生人数。

8. 创建触发器，实现当有学生退学时，该学生的选课信息应被删除。

9. 修改 course 表结构，增加一列"可选人数"，初始值为该表中的"选课人数上限"减去 choose 表中已经选课的人数。

10. 创建存储过程，根据系部名称，输出该系的学生总人数。

11. 创建存储过程，如果学生成绩大于等于 60 分，返回"合格"；如果学生成绩小于 60 分，返回"不合格"。

12. 在学生选课数据库中，由于 C 语言课程选修的人数比较少，学校决定取消开设该课程，而已经选修了的学生可以改选课程号为"2"的 MySQL 数据库。创建触发器实现该功能。

13. 创建一个名为 score_proc 的存储过程，当输入任意一门存在的课程名时，该存储过程将统计出该门课程的评价分、最低分和最高分，并调用存储过程。

14. 创建一个名为 depart_count_proc 的存储过程，该存储过程的功能是根据某系的名称，查询该系有多少学生，最后调用该存储过程。

15. 游标的作用是什么？

第 8 章　　事　务　与　锁

数据库与文件系统的最大区别在于数据库实现了数据一致性以及并发性。实现的方法就是事务处理和锁机制的应用。本章讲解了如何在数据库中使用事务与锁机制实现数据库的一致性,并结合"银行转账系统"讲解事务与锁机制在该系统中的应用。

本章要点
◇　事务
◇　锁

 ## 8.1　事务

8.1.1　事务的引入

前面章节介绍了存储过程的使用,存储过程有效地提高了代码的重用性,经过一次编译多次调用提高系统资源利用率。但在完成对数据库的实时操作时有可能发生错误。例如银行数据库管理系统实现两个账户之间的转账。假设某银行的数据库存放账户余额的数据表 account,表中存放银行客户的账号、姓名、金额。使用存储过程实现客户"甲一"向客户"玛丽"转账 700 元的功能。具体步骤如下:

步骤 1:先创建一张账户余额表 account,默认存储引擎为 InnoDB。SQL 语句如下。

```
CREATE TABLE account(
account_no INT auto_increment PRIMARY KEY,
# 设置客户账号 account_no 为主键
account_name CHAR(7) NOT NULL,
# 设置客户姓名 account_name 为非空
account_contact CHAR(11) NOT NULL,
# 设置客户联系方式 account_contact 为非空
balance INT UNSIGNED
# 定义账户余额为无符号整数
) ENGINE= InnoDB;
```

步骤 2:向表 account 添加两条测试记录,初始账户余额为 700,SQL 语句如下。

```
INSERT INTO account VALUES(NULL,'甲一','13666666666',700);
INSERT INTO account VALUES(NULL,'玛丽','136777777777',1200);
```

步骤 3:创建名为 tr_proc 的存储过程,将客户"甲一"的账户金额转入客户"玛丽"的账户中。转账的金额设为 money。SQL 语句如下。

```
DELIMITER $$
CREATE PROCEDURE tr_proc(IN from_account CHAR(7),IN to_account CHAR(7),IN money
INT)
MODIFIES SQL DATA
BEGIN
UPDATE account SET balance=balance+money
WHERE account_name=to_account;
```

```
UPDATE account SET balance＝balance-money
WHERE account_name＝from_account;
END;
$$
```

步骤 4：执行存储过程，运行结果如图 8-1 所示。转账之前打开 account 表观察数据，如图 8-2 所示。

图 8-1　创建转账存储过程

图 8-2　打开 account 表

步骤 5：测试结果。在调用存储过程时需要把实际的数据传递给存储过程的各个参数，即将客户"甲一"的 700 元转账到客户"玛丽"的账户中。调用结果如图 8-3 所示。

图 8-3　调用存储过程完成第一次转账

步骤 6：第一次转账成功，再进行第二次转账。执行结果如图 8-4 所示。

图 8-4　第二次转账的数据状态

从结果分析,客户"甲一"的余额为 0 元,如果转账 700 元,余额将是－700。由于创建表时定义了余额为 UNSIGNED 类型,余额不能为负数,就产生了如图 8-4 所示的 1690 错误代码。因此"甲一"账号并没有转账。但是客户"玛丽"的账户上却多了 700 元,这样会导致银行亏损。因此导致数据不一致的问题产生。为了避免数据库的不一致性,需要引入事务来解决此类问题。将上述存储过程中的两条 UPDATE 语句组成一个事务,让它们成为一个"原子",在执行过程中,要么都执行成功,要么都不执行。只要其中一条语句发生错误,那么执行失败,对数据库执行的所有的数据更新操作将被撤销。

8.1.2 事务的基本概念

事务是由一系列 SQL 语句组成的一个数据库操作序列,而这些操作是一个不可分割的逻辑工作单元。如果事务成功执行,那么该事务中所有的更新操作都会成功执行,并将执行结果提交到数据库文件中,成为数据库永久的组成部分。如果事务中某条更新操作执行失败,那么事务中的所有操作均被撤销。设想网上购物的一次交易,整个过程至少包括以下操作:

(1) 更新客户所购商品的库存信息;

(2) 保存客户付款信息(有可能包括与银行系统之间的交互);

(3) 生成订单,并且保存到数据库中。

正常的情况下,这些操作将顺利进行,最终交易成功,与交易相关的所有数据信息都被更新。但是,如果在这一系列过程中任何一个环节出了差错,比如商品库存信息更新时发生异常、顾客通过网上银行转账时出现异常等,都将会导致交易失败。一旦交易失败,数据库所有被修改的信息都必须恢复到交易前的状态,即数据一致性。简言之:为了保证数据能够被正确地修改,避免数据的不完整性,事务必须遵循 4 个原则,即所谓的 ACID(原子性、一致性、隔离性和持久性)。

1. 原子性(atomicity)

事务必须是原子工作单元;事务中的更新操作要么都执行,要么都不执行,称为事务的原子性。通常,与某个事务关联的操作具有共同的目标,并且是相互依赖的。如果系统只执行这些操作的一个子集,则可能会破坏事务的总体目标。原子性消除了系统处理操作子集的可能性,用于标识事务是否完全地完成。

2. 一致性(consistency)

事务的一致性保证了事务完成后,数据库能够处于一致性状态。在相关数据库中,所有规则都必须应用于事务的修改,以保持所有数据的完整性。事务结束时,所有的内部数据结构(如 B 树索引或双向链表)都必须是正确的。某些维护一致性的责任由应用程序开发人员承担,他们必须确保应用程序已强制所有已知的完整性约束。

3. 隔离性(isolation)

同一时刻执行多个事务,称为并发事务。这些事务在执行过程中互不干扰,即一个事务的执行不能被其他事务干扰。事务查看数据时数据所处的状态,要么是另一并发事务修改它之前的状态,要么是另一事务修改它之后的状态,事务不会查看中间状态的数据。这称为可串行性,因为它能够重新装载起始数据,并且重播一系列事务,以使数据结束时的状态与原始事务执行的状态相同。当事务可序列化时将获得最高的隔离级别。在此级别上,从一组可并行执行的事务获得的结果与通过连续运行每个事务所获得的结果相同。由于高度隔离会限制可并行执行的事务数,所以一些应用程序降低隔离级别以换取更大的吞吐量。

4. 持久性（durability）

持久性意味着事务一旦成功执行,在系统中产生的所有变化将是永久的。如果系统突然停电或数据库服务器突然崩溃,事务保证在服务器重启后仍是完整的。

8.1.3　事务类型

事务可分为两种类型:系统提供的事务和用户定义的事务。

1. 系统事务

系统提供的事务是指在执行某些 T-SQL 语句时,一条语句就构成了一个事务,这些语句是:ALTER　TABLE、CREATE、DELETE、DROP、INSERT、SELECT、UPDATE、TRUNCATE、RENAME、REPLACE、BEGIN 等。

例 8.1　创建一张名为 test 的表,SQL 语句如下。

```
CREATE TABLE test
（no1   CHAR(6),
name2  CHAR(7),
address3 VARCHAR(20)
);
```

这条 SQL 语句本身就构成了一个事务,它要么成功创建一张含三列的表结构,要么对数据库没有任何影响,绝不会创建含一列或两列的表结构。

2. 用户定义的事务

用户定义的事务是通过事务语句完成的,MySQL 用 START　TRANSACTION 语句指定一个事务的开始,用 COMMIT 语句提交事务,用 ROLLBACK 语句可以撤销或回滚一个事务。

8.1.4　事务处理

用户定义的事务在执行时必须明确指定事务的结束,否则系统将把从事务开始到用户关闭连接之间所有的操作都作为一个事务来处理。事务提交和事务回滚都标志着事务的结束。

1. 事务提交

默认的情况下,MySQL 开启了自动提交,也就是在客户端编写的任意一条更新语句,一旦发送到 MySQL 服务器,MySQL 服务器实例会立即对代码进行解析、编译、执行,并将结果提交到数据库文件中。

以转账存储过程 tr_proc 为例,该存储过程中包含两条 UPDATE 语句,第一条执行加法操作,第二条执行减法操作。由于 MySQL 开启了自动提交,因此,这两条语句执行时互不影响,不论其中哪条语句执行错误,都不会影响另一条语句对数据库的更新操作,最终导致数据的不一致性。如果调用存储过程之前关闭 MySQL 的自动提交,结果会不同。可以通过设置系统变量@@AUTOCOMMIT 的值关闭 MySQL 的自动提交。

当"SET AUTOCOMMIT＝0"时,自动提交关闭;

当"SET AUTOCOMMIT＝1"时,自动提交开启。

MySQL 自动提交一旦关闭,数据库开发人员需要提交更新语句,才能将更新结果提交到数据库文件中,成为数据库永久的组成部分。自动提交关闭后,MySQL 的提交方式分为显示的提交与隐式的提交。

显示的提交：MySQL 自动提交关闭后，使用 MySQL 命令 COMMIT。COMMIT 是提交语句，它使得自从事务开始以来所执行的所有数据修改成为数据库的永久部分，也标志一个事务的结束。

隐式的提交：使用下面的 MySQL 语句，可以隐式地提交。

• 更新语句：BEGIN、SET AUTOCOMMIT = 1、START TRANSACTION、RENAME TABLE、TRUNCATE TABLE 等语句。

• 数据定义（CREATE、ALTER、DROP）语句：例如 CREATE DATABASE、CREATE TABLE、CREATE INDEX、ALTER PROCEDURE、DROP DATABASE、DROP TABLE、CREATE FUNCTION、CREATE PROCEDURE、ALTER TABLE、ALTER FUNCTION、DROP FUNCTION、DROP INDEX、DROP PROCEDURE 等语句。

• 权限管理和账户管理语句：例如 GRANT、REVOKE、SET PASSWORD、CREATE USER、DROP USER、RENAME USER 等语句。

• 锁语句：例如 LOCK TABLES、UNLOCK TABLES。

为了有效地提交事务，数据库开发人员应尽量显示地提交事务。

例 8.2 关闭 MySQL 自动提交，调用存储过程 tr_proc，在客户端 A 上进行第三次转账，并将"甲一"账户余额修改为 200 元，运行结果如下。

```
MySQL> SET AUTOCOMMIT= 0;
Query OK,0 rows affected(0.00 sec)

MySQL> CALL tr_proc('甲一','玛丽',800);
ERROR 1264(22003):Out of range value adjusted for column 'balance' at row 3
MySQL> SELECT *  FROM account;
+------------+--------------+-----------------+----------+
| account_no | account_name | account_contact | balance  |
+------------+--------------+-----------------+----------+
|          1 | 甲一         | 13666666666     |      200 |
|          2 | 玛丽         | 13677777777     |     3400 |
+------------+--------------+-----------------+----------+
2 rows in set(0.00 sec)
```

从运行结果看，客户"玛丽"的余额已经被修改。这时从另一客户端 B 打开 account 表，显示结果如下：

```
use choose;
Database changed
MySQL> SELECT *  FROM account;
+------------+--------------+-----------------+----------+
| account_no | account_name | account_contact | balance  |
+------------+--------------+-----------------+----------+
|          1 | 甲一         | 13666666666     |    200   |
|          2 | 玛丽         | 13677777777     |   2600   |
+------------+--------------+-----------------+----------+
2 rows in set(0.00 sec)
```

结果显示"玛丽"账户的余额并没有被修改,因为客户端 A 执行更新数据的操作并没有提交到服务器,也就是对数据库服务器没有产生影响。所以其他客户端访问服务器时还是原来的数据。

例 8.3　　打开 MySQL 自动提交,调用存储过程 tr_proc,在客户端 A 上进行第三次转账时,使用 COMMIT 命令提交事务。SQL 语句如下,运行结果如图 8-5(a)所示。

```
SET AUTOCOMMIT=1;
CALL transfer_account_proc('甲一','玛丽',800);
COMMIT;
SELECT * FROM account;
```

（a）客户端 A

（b）客户端 B

图 8-5　客户端提交事务成功

从图 8-5(b)可以看出,客户端 A 使用事务提交 COMMIT 命令后,MySQL 数据库服务器的数据被永久更新,体现了事务的持久性特征。

2.事务回滚

事务是由一系列 SQL 语句组成,在执行过程中,其中一条发生错误,事务不提交到服务器,这时可以使用命名 ROLLBACK 将事务撤销。它使得事务撤销到起点或指定的保存点处,它也标志一个事务的结束。

例 8.4　　在例 8.2 中,执行第三次转账时,客户"玛丽"的账户余额到底是多少,取决于对数据库服务器执行的操作,如果执行事务提交 COMMIT 命令,就会产生图 8-5 的结果;如果执行事务回滚 ROLLBACK 命令,结果如图 8-6 所示,SQL 语句如下。

```
SET AUTOCOMMIT＝0;

UPDATE account SET balance＝balance＋800 WHERE account_no＝2;

ROLLBACK;

SELECT *  FROM account;
```

（a）A 客户端事务撤销前后的数据状态

（b）B 客户端的数据状态

图 8-6　事务撤销后的数据状态

　　MySQL 客户端的自动提交关闭时,对数据库服务器执行更新操作,服务器内存中会产生若干条 NEW 记录,这些 NEW 记录保存了客户端的更新操作。如果客户端执行了 COMMIT 命令,MySQL 服务器中的 NEW 记录被更新到数据库服务器中,事务提交成功;如果客户端执行了 ROLLBACK 命令,MySQL 服务器中的 NEW 记录将被丢弃,事务被撤销。总之,事务的处理过程如图 8-7 所示。

图 8-7　事务处理过程

例 8.5　使用事务实现银行数据库的两个账户之间的转账，SQL 语句如下，运行结果如图 8-8 所示。

```
DELIMITER $$
CREATE PROCEDURE tr2_proc(IN from_account CHAR(7),IN to_account CHAR(7),IN money
INT)
MODIFIES SQL DATA
BEGIN
DECLARE CONTINUE HANDLER FOR 1670
BEGIN
ROLLBACK;
END;
START TRANSACTION;
UPDATE account SET balance＝balance＋money WHERE account_no＝to_account;
UPDATE account SET balance＝balance-money WHERE account_no＝from_account;
COMMIT;
END;
$$
```

```
mysql> DELIMITER $$
mysql> CREATE PROCEDURE tr2_proc(IN from_account CHAR(7),
    ->                 IN to_account CHAR(7),IN money INT)
    -> MODIFIES SQL DATA
    -> BEGIN
    -> DECLARE CONTINUE HANDLER FOR 1670
    -> BEGIN
    -> ROLLBACK;
    -> END;
    -> START TRANSACTION;
    -> UPDATE account SET balance=balance+money WHERE account_no=to_account;
    -> UPDATE account SET balance=balance-money WHERE account_no=from_account;
    -> COMMIT;
    -> END ;$$
Query OK, 0 rows affected (0.05 sec)
```

图 8-8　银行转账事务

例 8.6　　在"学生选课系统"中,创建事务实现"学生选课"以及"学生调课"的功能, SQL 语句如下。

```
# 创建调课存储过程
DELIMITER $$
CREATE PROCEDURE re_proc(IN s_no CHAR(11),IN c_before INT,
                         IN c_after INT,OUT state INT)
MODIFIES SQL DATA
BEGIN
  DECLARE s INT;
  DECLARE status CHAR(7);
  SET state = 0
  SET status= '未审核';
  IF(c_before=c_after) THEN
     SET state =-1;
  ELSE
     START TRANSACTION;
     SELECT 状态 INTO status FROM course WHERE 课程号=c_after;
     SELECT 可选人数 INTO s FROM course WHERE 课程号=c_after;
     IF(s=0 || status='未审核') THEN
        SET state =- 2;
        ELSEIF(state=0) THEN
            UPDATE choose SET 课程号=c_after,选课时间=NOW()
            WHERE 学号=s_no AND 课程号=c_before;
            UPDATE course SET 可选人数=可选人数+1 WHERE 课程号=c_before;
            UPDATE course SET 可选人数=可选人数-1 WHERE 课程号=c_after;
            SET state = c_after;
        END IF;
        COMMIT;
  END IF;
END;
$$
# 调用存储过程
SET @ s_no = '2012002';
SET @ c_before = 3;
SET @ c_after = 1;
SET @ state = 0;
CALL re_proc(@ s_no,@ c_before,@ c_after,@ state);
SELECT @ state;
```

8.1.5　保存点

保存点(也称为检查点)可以实现事务的部分提交或者部分撤销。

使用 MySQL 命令"SAVEPOINT 保存点名;"可以在事务中设置一个保存点,使用 MySQL 命令"ROLLBACK TO SAVEPOINT 保存点名;"可以将事务回滚到保存点状态。

说明:

"ROLLBACK TO SAVEPOINT B"仅仅是让数据库回到事务中的某个"一致性状态 B",而"一致性状态 B"仅仅是一个"临时状态",该"临时状态"并没有将更新回滚,也没有将更新提交。事务回滚必须借助于 ROLLBACK(而不是"ROLLBACK TO SAVEPOINT B"),事务的提交需借助于 COMMIT。使用 MySQL 命令"RELEASE SAVEPOINT 保存点名;"可以删除一个事务的保存点。

如果该保存点不存在,该命令将出现错误信息:ERROR 1305(42000):SAVEPOINT does not exist。如果当前的事务中存在两个相同名字的保存点,旧保存点将被自动丢弃。

8.2　锁

事务的任务是保证一系列更新语句的原子性,当多个事务并发操作时很容易破坏事务的 ACID 特性,从而导致数据的不一致性问题,主要包括以下几方面:

丢失更新(lost update):两个事务同时修改同一数据,其中一个事务的提交结果破坏了另一个事务的提交结果,导致另一个事务的修改丢失。

脏读(dirty read):一个事务可以读到另一个事务未提交的数据,脏读问题违背了事务的隔离性原则。

不可重复读(non-repeatable read):同一个事务内两条相同的查询语句,查询结果不一致。

幻读(phantom read):同一个事务内,两条相同的查询语句,查询结果应该相同,但是如果另一个事务同时提交了新数据,本事务再更新时,就会"惊奇地"发现了这些新数据,貌似之前读到的数据是"鬼影"一样的幻觉。

因此,为了保证数据的一致性、并发事务的正确执行,MySQL 数据库需要对多个并发事务进行有效的调度,而锁是解决事务并发访问可能导致的数据不一致的重要技术,是 MySQL 实现多用户并发访问的基石。

8.2.1　锁的必要性

在例 8.2 中,客户端 A 和客户端 B 执行同一条 SQL 语句"SELECT * FROM account",返回的结果却不同,产生数据不一致性问题。导致数据的不一致性主要是因为内存中的数据和外存中的数据不能同步。当客户端 A 在访问 MySQL 服务器数据时,对该数据进行"加锁"以防止其他客户端访问,直到客户端 A 访问结束,MySQL 将"解锁"该数据,再"唤醒"其他被阻塞的客户端继续访问该数据,只有这样才可以实现多用户下的数据并发访问。所以,锁是解决事务并发控制的有效方式。

8.2.2　锁的类型

多个事务同时读取同一数据时,是不会有冲突的。同时写数据才会产生冲突。因此为了提高数据库的并发性能,MySQL 提供了锁机制。锁的类型包括读锁(read lock)和写锁(write lock),其中读锁也称为共享锁,写锁也称为排他锁或者独占锁。

1. 共享锁(shared lock,也叫 S 锁)

共享锁表示对数据进行读操作。因此多个事务可以同时为一个对象加共享锁。(如果试衣间的门还没被锁上,顾客都能够同时进去参观。)

产生共享锁的 SQL 语句如下:

```
SELECT *  FROM ad_plan LOCK IN SHARE MODE;
```

2. 排他锁(exclusive lock,也叫 X 锁)

排他锁也叫写锁。排他锁表示对数据进行写操作。如果一个事务对对象加了排他锁,其他事务就不能再给它加任何锁了。

读锁允许其他 MySQL 客户机对数据同时"读",但不允许其他 MySQL 客户机对数据进行任何"写"。写锁不允许其他 MySQL 客户机对数据同时读,也不允许其他 MySQL 客户机对数据同时写。

习　　题

1. 什么是事务？事务有哪些特性？
2. 简要说明事务的原子性。
3. 结束事务的标志是什么？
4. 事务中的提交和回滚是什么意思？
5. 什么是事务的并发控制？
6. 锁有哪些类型？
7. 共享锁与排他锁有什么区别？

第❾章　MySQL 数据库的备份与恢复

在数据库应用系统中最核心的部分是数据库,数据库一旦被损坏将会带来巨大的损失。因此数据库的备份和恢复技术在使用数据库过程中越来越重要。数据库在运行过程中由于计算机系统中的硬件故障、软件的错误、操作员的失误以及恶意的破坏等都会导致数据库中部分或全部的数据丢失。而数据库管理系统必须具有把数据库从错误状态恢复到某一已知的正确状态的功能,即数据库恢复。本章主要介绍 MySQL 数据库的备份与恢复的相关内容。

本章要点

◇　数据库目录

◇　数据库的备份与恢复

◇　MySQL 日志文件

9.1　数据库目录

9.1.1　数据库的表示法

MySQL 管理的每个数据库都有自己的数据库目录,目录名与所表示的数据库名称相同。例如,数据库 my_db 对应于数据库目录 DATADIR/my_db。

这个表示法使得几个数据库级的语句的实现是非常容易的。CREATE DATABASE db_name 使用只允许对 MySQL 服务器用户进行访问的所有权和方式,并在数据目录中创建一个空目录 db_name。DROP DATABASE 语句也很容易实现。DROP DATABASE db_name 删除数据目录中的 db_name 目录以及其中的所有表文件。SHOW DATABASE 是对应位于数据目录中的子目录名称的一个列表。有些数据库系统需要保留一个列出所有需要维护的数据库的主表,但是,在 MySQL 中没有这样的结构。由于数据目录结构的简单性,数据库的列表是隐含在该数据目录的内容中的,像主表这样的表可能会引起不必要的开销。

9.1.2　数据库表的表示法

数据库中的每个表在数据库目录中都作为三个文件存在:一个格式(描述)文件、一个数据文件和一个索引文件。每个文件名是该表名,扩展名指明该文件的类型。数据和索引文件的扩展名指明该表是否使用 InnoDB 索引或较新的 MyISAM 索引。

当发布定义一个表结构的 CREATE TABLE tbl_name 语句时,服务器创建 tbl_name.frm 文件,它包含该结构的内部编码。该语句还创建空的数据文件和索引文件,这些文件的初始信息没有记录和索引。描述表的文件的所有权和方式被设置为只允许对 MySQL 服务器用户进行访问。

当发布 ALTER TABLE 语句时,服务器对 tbl_name.frm 重新编码并修改数据文件和索引文件的内容以反映由该语句表明的结构变化。对于 CREATE 和 DROP INDEX 也是如此,因为服务器认为它们等价于 ALTER TABLE 语句。DROP TABLE 删除该表的三个文件。

尽管可以通过删除数据库目录中的对应某个表的三个文件来删除该表,但不能手工创建或更改表。

9.2 数据库的备份与恢复

9.2.1 使用 SQL 语句备份与恢复

使用 SELECT INTO OUTFILE 语句备份数据,并用 LOAD DATA INFILE 语句恢复数据。这种方法只能导出数据的内容,不包括表的结构,如果表的结构文件损坏,必须要先恢复原来的表的结构。

语法为:

```
SELECT *  INTO {OUTFILE | DUMPFILE} 'file_name' FROM tbl_name
LOAD DATA [LOW_PRIORITY] [LOCAL] INFILE 'file_name.txt' [REPLACE | IGNORE]
INTO TABLE tbl_name;
```

SELECT INTO OUTFILE 'file_name'格式的 SELECT 语句将选择的记录写入一个文件。文件在服务器主机上被创建。

LOAD DATA INFILE 语句从一个文本文件中以很高的速度读取行到一个表中。如果指定 LOCAL 关键词,从客户主机读文件;如果 LOCAL 没指定,文件必须位于服务器上。

备份一个数据表的步骤如下:

步骤 1:锁定数据表,避免在备份过程中表被更新,如图 9-1 所示。

```
LOCK TABLES tbl_name READ;
```

```
mysql> LOCK TABLE DEPARTMENT READ;
Query OK, 0 rows affected (0.00 sec)
```

图 9-1 给表加读锁

步骤 2:导出数据。

```
SELECT *  INTO OUTFILE 'tbl_name.bak' FROM tbl_name;
```

步骤 3:解锁表。

```
UNLOCK TABLES;
```

恢复备份数据的步骤如下:

步骤 1:为表增加一个写锁。

```
LOCK TABLES tbl_name WRITE;
```

步骤 2:恢复数据。

```
LOAD DATA INFILE 'tbl_name.bak'
REPLACE INTO TABLE tbl_name;
```

步骤 3:解锁表。

```
UNLOCK TABLES;
```

如果在步骤 2 指定一个 LOW_PRIORITY 关键字,就没必要对表上锁,因为数据的导入将被推迟到没有用户读表为止。命令为:

```
LOAD DATA  LOW_PRIORITY  INFILE 'tbl_name'
        REPLACE INTO TABLE tbl_name;
```

9.2.2 使用 MYSQLDUMP 备份、恢复数据

1. MYSQLDUMP 备份数据

MYSQLDUMP 命令将数据库中的数据备份成一个文本文件。表的结构和表中的数据将存储在生成的文本文件中。MYSQLDUMP 命令的工作原理简单。它先查出需要备份的表的结构，再在文本文件中生成一个 CREATE 语句。然后，将表中的所有记录转换成一条 INSERT 语句。然后通过这些语句，就能够创建表并插入数据。命令格式为：

```
MYSQLDUMP_u username_p dbname table1 table2...> backupname.sql;
```

说明：

username：登录 MySQL 服务的用户名。

dbname：表示数据库的名称。

table1 和 table2：要备份的表的名称，为空时备份整个数据库。

backupname.sql：生成数据库备份文件的名称，扩展名为 sql。文件名前要加一个绝对路径。

例 9.1 使用 root 用户备份学生选课数据库下的 student 表，步骤如下。

步骤 1：在"开始"→"运行"输入"cmd"，打开命令提示。

步骤 2：输入 MySQL 安装路径 cd c:\Program Files\MySQL\MySQL Server 8.0\bin。

步骤 3：输入数据备份各个参数 MYSQLDUMP_u root_p choose student > D:\backup.sql。

备份后会在 D 盘根目录下生成数据库脚本文件 backup.sql。文件的开头会记录 MySQL 的版本、备份的主机名和数据库名等信息。备份时可以同时备份几个数据库的数据，命令如下所示。

（1）备份多个数据库：

```
MYSQLDUMP_u username_p_databases dbname1 dbname2 > backup.sql;
```

如：

```
MYSQLDUMP_u root_p_databases test mysql > D:\backup.sql;
```

（2）备份所有数据库：

```
MYSQLDUMP_u username_p_all_databases > backupname.sql;
```

如：

```
MYSQLDUMP_u_root_p_all_databases > D:\all.sql;
```

2. 还原使用 MYSQLDUMP 命令备份的数据

命令格式为：

```
mysql_u 用户名_p [数据库名称] <备份的文件名;
```

例 9.2 恢复 C 盘根目录下的备份文件 backup.sql。

```
mysql_u root_p < C:\backup.sql;
```

9.2.3 备份整个数据库目录

MySQL 有一种非常简单的备份方法，就是将 MySQL 中的数据库文件直接复制出来。这是最简单、速度最快的方法。不过在备份数据库之前，要先停止服务器，这样可以保证在数据库复制期间的数据不会发生变化。如果在复制数据库的过程中还有数据写入，就会造成数据不一致。备份一个表，需要三个文件。

对于 MyISAM 表：

tbl_name.frm：表的描述文件。

tbl_name.MYD：表的数据文件。

tbl_name.MYI：表的索引文件。

对于 ISAM 表：

tbl_name.frm：表的描述文件。

tbl_name.ISD：表的数据文件。

tbl_name.ISM：表的索引文件。

直接从一个数据库服务器拷贝文件到另一个服务器，对于 MyISAM 表，可以从运行在不同硬件系统的服务器之间复制文件，例如 SUN 服务器和 Intel PC 机之间。

注意：

这种方法不适用于 InnoDB 存储引擎的表，而对于 MyISAM 存储引擎的表很方便。数据库还原时选择的 MySQL 的版本最好相同。

以这种方式还原数据时，必须保证两个 MySQL 数据库的版本号是相同的。MyISAM 类型的表有效，对于 InnoDB 类型的表不可用，InnoDB 表的表空间不能直接复制。

9.2.4 使用 MYSQLHOTCOPY 工具快速备份

MYSQLHOTCOPY（热备份）支持不停止 MySQL 服务器的备份。而且，MYSQLHOTCOPY 的备份方式比 MYSQLDUMP 快。MYSQLHOTCOPY 是一个 Perl 脚本，主要在 Linux 系统下使用。

原理：先将需要备份的数据库加上一个读锁 LOCK TABLES，然后用 FLUSH TABLES 将内存中的数据写回到硬盘上的数据库，最后，把需要备份的数据库文件复制到目标目录。

命令格式为：

```
[root@ localhost ~]# MYSQLHOTCOPY [OPTION] dbname1 dbname2 backupDir/;
```

dbname：数据库名称。

backupDir：备份到哪个文件夹下。

常用选项：

——help：查看 MYSQLHOTCOPY 帮助。

——allowold：如果备份目录下存在相同的备份文件，将旧的备份文件加上_old。

——keepold：如果备份目录下存在相同的备份文件，不删除旧的备份文件，而是将旧的文件更名。

——flushlog：本次备份之后，将对数据库的更新记录到日志中。

——noindices：只备份数据文件，不备份索引文件。；

——user＝用户名：用来指定用户名，可以用_u 代替。

——password＝密码：用来指定密码，可以用_p 代替。使用_p 时，密码与_p 之间没有空格。

——port＝端口号：用来指定访问端口，可以用_P 代替。

——socket＝socket 文件：用来指定 socket 文件，可以用_S 代替。

MYSQLHOTCOPY 并非 MySQL 自带，需要安装 Perl 的数据库接口包。

9.3 MySQL 日志文件

日志文件是 MySQL 数据库的一个重要组成部分。MySQL 的日志文件如下。

错误日志：记录启动、运行或停止 mysqld 时出现的问题。

通用日志：记录建立的 client 连接和运行的语句。

二进制日志：记录全部更改数据的语句，还用于复制。

慢查询日志：记录运行时间超过 long_query_time 秒的全部查询或不使用索引的查询。

这些日志能够定位 mysqld 内部发生的事件、数据库性能故障、记录数据的变更历史、用户恢复数据库等。

9.3.1 通用查询日志

MySQL 的查询日志记录了所有 MySQL 数据库请求的信息。无论这些请求是否得到了正确的执行。默认文件名为 hostname.log。默认情况下 MySQL 查询日志是关闭的。如果开启 MySQL 查询日志，对性能还是有较大的影响的。另外很多时候，MySQL 慢查询日志基本可以定位那些出现性能问题的 SQL，所以 MySQL 查询日志应用的场景其实不多。

1. 启动和设置通用查询日志

通用查询日志记录了 MySQL 的所有用户操作，包括启动和关闭服务、执行查询和更新语句等。MySQL 服务器默认情况下并没有开启通用查询日志。如果需要通用查询日志，可以通过修改 my.ini 或 my.cnf 配置文件来开启。在 my.ini 或 my.cnf 的[mysqld]组下加入 log 选项，或者启动 MySQL 时通过 –log[＝file_name]或-l [file_name]选项启动它。假设没有给定 file_name 的值，默认名是 hostname.log。通用查询日志将默认存储在 MySQL 数据目录中的 hostname.log 文件中。hostname 是 MySQL 数据库的主机名。

2. 查看通用查询日志

通用查询日志中记录了用户的所有操作。通过查看通用查询日志，可以了解用户对 MySQL 进行的操作。通用查询日志是以文本文件形式存储在文件系统中的，可以使用文本编辑器直接打开通用查询日志文件进行查看，Windows 下可以使用记事本，Linux 下可以使用 vim、gedit 等。

3 删除通用查询日志

通用查询日志是以文本文件的形式存储在文件系统中的。通用查询日志记录用户的所有操作，因此在用户查询、更新频繁的情况下，通用查询日志会增长得很快。DBA 可以定期删除比较早的通用查询日志，以节省磁盘空间，可以用直接删除日志文件的方式删除通用查询日志。要重新建立新的日志文件，可使用语句：

```
mysqladmin -flush logs;
```

9.3.2 二进制日志

1. 启动和设置二进制日志

二进制日志主要记录 MySQL 数据库的变化。二进制日志是一种有效的格式，并且是事务安全的方式包含更新日志中可用的所有信息。二进制日志包含关于每个更新数据库的语句的执行时间信息，不包含没有修改任何数据的语句，例如 SELECT 语句。使用二进制日志最大的目的是尽可能地恢复数据库，因为二进制日志包含备份后进行的所有数据更新。默认情况下，二进制日志是关闭的，可以通过修改 MySQL 的配置文件来启动和设置二进制日志，my.ini 中[mysqld]组下面有几个设置是关于二进制日志的：

```
log_bin[＝path/[filename]] expire_logs_days＝10 max_binlog_size＝100M
```

log_bin 定义开启二进制日志；

path 表明日志文件所在的目录路径；

filename 指定了日志文件的名称,如文件的全名是 filename. 0001、filename. 0002 等。除了上述文件之外,还有一个 filename. index 文件,该文件内容记录所有日志的清单,可以使用记事本打开该文件。

expire_logs_days 定义了 MySQL 清除过期日志的时间,即二进制日志自动删除的天数。默认值为 0,表示"没有自动删除"。当 MySQL 启动或刷新二进制日志时可能删除该文件。

max_binlog_size 定义了单个文件的大小限制,如果二进制日志写入的内容大小超出给定值,日志就会发生滚动(关闭当前文件,重新打开一个新的日志文件)。不能将该变量设置为大于 1 GB 或小于 4096 字节。默认值是 1 GB,如果正在使用大事务,二进制日志文件大小还可能超过 max_binlog_size 的定义大小。可以通过 show variables 语句来查询日志设置,使用 show variables 语句查看日志设置,可以看到 log_bin 为 ON,max_binlog_size 为 104857600 字节,换算为 MB 为 100 MB,MySQL 重新启动之后,就可以看到新产生的文件后缀为. 000001 和. index 的两个文件,文件名称默认为主机名称。

2. 查看二进制日志

MySQL 二进制日志是经常用到的。当 MySQL 创建二进制日志文件时,首先创建一个以 filename 为名称、以 index 为后缀的文件,再创建一个以 filename 为名称、以". 000001"为后缀的文件。当 MySQL 服务重新启动一次,以". 000001"为后缀的文件会增加一个,并且后缀名加 1 递增;如果日志长度超过了 max_binlog_size 的上限(默认是 1 GB),也会创建一个新的日志文件。show binary logs 语句可以查看当前二进制日志文件个数和文件名。MySQL 二进制日志并不能直接查看,如果要查看日志内容,可以通过 MySQLbinlog 命令查看。使用"show binary logs"语句查看二进制日志文件个数和文件名,如图 9-2 所示。

```
mysql> show binary logs;
+-----------------+-----------+
| Log_name        | File_size |
+-----------------+-----------+
| pc45-bin.000001 |       178 |
| pc45-bin.000002 |      9898 |
| pc45-bin.000003 |     13268 |
+-----------------+-----------+
3 rows in set (0.00 sec)
```

图 9-2　查看二进制日志

3. 删除二进制日志

MySQL 的二进制日志可以配置自动删除,同时 MySQL 也提供了安全的手动删除二进制日志的方法,删除所有的二进制日志文件使用 RESET MASTER。执行该语句,所有二进制日志将被删除,MySQL 会重新创建二进制日志,新的日志文件扩展名将重新从 000001 开始编号。

4. 查看二进制日志里的操作记录

使用命令:

```
show binlog events;
```

查看某一个二进制日志里面的记录,但又不想用 MySQLbinlog,可以使用 show binlog events。例如,想查看"’bin_log.000002′"这个 binlog 文件的内容,执行如下命令"show binlog events in 'bin_log.000002'",如图 9-3 所示。

```
mysql> show binlog events;
+----------------+------+----------------+-----------+-------------+-------------------------------+
| Log_name       | Pos  | Event_type     | Server_id | End_log_pos | Info                          |
+----------------+------+----------------+-----------+-------------+-------------------------------+
| pc45_bin.000001|   4  | Format_desc    |         1 |         124 | Server ver: 8.0.13, Binlog ver: 4 |
| pc45_bin.000001|  124 | Previous_gtids |         1 |         155 |                               |
| pc45_bin.000001|  155 | Stop           |         1 |         178 |                               |
+----------------+------+----------------+-----------+-------------+-------------------------------+
3 rows in set (0.00 sec)
```

图 9-3　查看二进制日志里的操作记录

5. 使用二进制日志还原数据库

如果 MySQL 服务器启用了二进制日志,在数据库出现意外丢失数据时,可以使用 MySQLbinlog 工具从指定的时间点开始(例如最后一次备份)直到现在,或另外一个指定的时间点的日志中恢复数据,要想从二进制日志恢复数据,需要知道当前二进制日志文件的路径和文件名。一般可以从配置文件(即 my.cnf 或者 my.ini,文件名取决于 MySQL 服务器的操作系统)中找到路径。

MySQLbinlog 恢复数据的语法如下:

    MySQLbinlog [option] filename |MySQL _uuser _ppass

说明:

option 是一些可选项,filename 是日志文件名。比较重要的两对 option 参数是:

(1) –start_datetime、–stop_datetime。可以指定恢复数据库的起始时间点和结束时间点。

(2) –start_position、–stop_position。可以指定恢复数据的开始位置和结束位置。

例 9.3　使用 MySQLbinlog 恢复 MySQL 数据库到 2018 年 12 月 25 日 10:27:48 时的状态,执行下面的命令:

    mysqlbinlog_stop_datetime= "2018-12-25 10:27:48"
    D:\mysql\log\binlog\binlog.000002 |mysql_u user_p password;

该命令执行成功后,会根据 binlog.000002 日志文件恢复 2018 年 12 月 25 日 10:27:48 前的所有操作。这种方法对因误操作而被删除的数据比较有效。

6. 暂时停止二进制日志

如果在 MySQL 的配置文件中配置启动了二进制日志,MySQL 会一直记录二进制日志,修改配置文件,可以停止二进制日志,但是需要重启 MySQL 数据库。MySQL 提供了暂时停止二进制日志的功能。通过 SET sql_log_bin 语句可以使 MySQL 暂停或者启动二进制日志。

    SET sql_log_bin= {0|1};

其中 0 是停止,1 是启用。

9.3.3　错误日志

错误日志文件包含了当 mysqld 启动和停止时以及服务器在运行过程中发生任何严重错误时的相关信息。在 MySQL 中,错误日志也是非常重要的,MySQL 将启动和停止数据库信息以及一些错误信息记录到错误日志中。

1. 启动和设置错误日志

在默认情况下，错误日志会记录到数据库的数据目录下。如果没有在配置文件中指定文件名，则文件名默认为 hostname. err。例如：MySQL 所在服务器主机名为 mysql_db，记录错误信息的文件名为 mysql_db. err。如果执行了 flush logs，错误日志文件会重新加载。

错误日志的启动和停止以及日志文件名，都可以通过修改 my. ini（或者 my. cnf）来配置。错误日志的配置项是 log_error。在[mysqld]下配置 log_error，再启动错误日志。如果需要指定文件名，则配置项如下：

```
[MySQLd] log_error=[path/[filename]]
```

path 为日志文件所在的目录路径，filename 为日志文件名。修改配置项后，需要重启 MySQL 服务才生效。

2. 查看错误日志

通过错误日志可以监视系统的运行状态，便于及时发现故障，修复故障。MySQL 错误日志是以文本文件形式存储的，可以使用文本编辑器直接查看 MySQL 错误日志，如果不知道日志文件的存储路径，可以使用 show variables 语句查看错误日志的存储路径。

语句如下：

```
show variables LIKE &# 39;log_error&# 39;
```

3. 删除错误日志

MySQL 的错误日志以文本文件的形式存储在文件系统中，可以直接删除，对于 MySQL5.5.7 以前的版本，flush logs 可以将错误日志文件重命名为 filename. err_old，并创建新的日志文件。但是从 MySQL5.5.7 开始，flush logs 只是重新打开日志文件，并不做日志备份和创建的操作。如果日志文件不存在，MySQL 启动或者执行 flush logs 时会创建新的日志文件，在运行状态下删除错误日志文件后，MySQL 并不会自动创建日志文件。flush logs 在重新加载日志的时候，如果文件不存在，则会自动创建。所以在删除错误日志之后，如果需要重建日志文件需要在服务器端执行以下命令：

```
MySQLadmin_u root_p flush_logs;
```

或者在客户端登录 MySQL 数据库，执行 flush logs 语句：

```
flush logs;
```

删除 err 文件，并用 flush logs 语句重建 log-error 文件。

9.3.4 慢查询日志

慢查询日志是记录查询时长超过指定时间的日志。慢查询日志主要用来记录执行时间较长的查询语句，通过慢查询日志，可以找出执行时间较长、执行效率较低的语句，然后进行优化。

1. 启动和设置慢查询日志

MySQL 中慢查询日志默认是关闭的，可以通过配置文件 my. ini 或 my. cnf 中的 log_slow_queries 选项打开，也可以在 MySQL 服务启动的时候使用 –log–slow_queries[＝filename]启动慢查询日志。启动慢查询日志时，需要在 my. ini 或者 my. cnf 文件中配置 long_query_time 选项指定记录阈值，如果某条查询语句的查询时间超过了这个值，这个查询过程将被记录到慢查询日志文件中。

在 my. ini 或者 my. cnf 文件中开启慢查询日志的配置如下：

```
[mysqld]
log_slow_queries[＝path/[filename]]
long_query_time＝n;
```

path 为日志文件所在目录路径，filename 为日志文件名。如果不指定目录和文件名称，默认存储在数据目录中，文件名为 hostname_slow.log，hostname 是 MySQL 服务器的主机名。参数 n 是时间值，单位是秒。如果没有设置 long-query_time 选项，默认时间为 10 秒。

2. 查看慢查询日志

MySQL 的慢查询日志是以文本形式存储的，可以直接使用文本编辑器查看。在慢查询日志中，记录着执行时间较长的查询语句，用户可以从慢查询日志中获取执行效率较低的查询语句，为查询优化提供重要的依据，查看慢查询日志的一些参数如下：

```
show variables like &# 39;% slow% &# 39;
```

3. 删除慢查询日志

和通用查询日志一样，慢查询日志也可以直接删除。删除后在不重启服务器的情况下，需要执行 mysqladmin_u root_p flush logs 重新生成日志文件，或者在客户端登录到服务器执行 flush logs 语句重建日志文件。官方 MySQL 的慢查询日志在这里有一个缺陷，就是查询阈值只能是 1 秒或以上，如果要设置 1 秒以下就无能为力了，这时候如果想找出 1 秒以下的慢查询 SQL，可以使用 Percona 提供的 microslow_patch 来突破限制，将慢查询时间阈值减小到毫秒级别。

日志既会影响 MySQL 的性能，又会占用大量磁盘空间。因此，如果不必要，应尽可能少开启日志。根据不同的使用环境，考虑开启不同的日志。例如开发环境中优化查询效率低的语句，可以开启慢查询日志，或者发现某些 SQL 执行特别慢也可以开启。如果磁盘空间不是特别充足可以在高峰期间开启，在捕获到查询慢的 SQL 之后再关闭慢查询日志。如果需要搭建复制环境，那么就一定要开启二进制日志，如果数据特别重要也建议开启二进制日志，以便数据库损坏的时候可以通过二进制日志挽救一部分数据。通用查询日志无论在哪种情况下，一般不建议开启。

习　　题

1. 使用带有_all_databases 选项的 mysqldump 实用程序，备份所有数据到一个文件 all.sql 中，查看输出的 SQL 脚本文件。

2. 使用带有_ab 选项的 mysqldump，把 test 数据库中的表结构和数据分别备份到一个目录中。检查一下生成的 SQL 语句与上题备份文件中的有什么不同。

3. 建立一个新的数据库 test1，把上题中的备份文件恢复到该数据库中。请简述一下过程。

4. 查看更新日志和常规日志，看看上述操作是否都留下了记录以及留下了什么记录。

5. 先在 test 数据库中的任意一个表中插入一个记录，然后再删除这个记录。删除数据库 test，试试如何从更新日志恢复 test 数据库。

参 考 文 献

［1］　王晶晶,等.MySQL 数据库基础教程［M］.长春:吉林大学出版社,2011.

［2］　孔祥盛.MySQL 数据库基础与实例教程［M］.北京:人民邮电出版社,2014.